世间绝美国家公园

THE WORLD'S MOST BEAUTIFUL NATIONAL PARKS

［意］埃莱娜·比安基　著

曹　莉　译

中国科学技术出版社

·北　京·

目录

前言

人类曾以惊人的速度大肆开发、利用土地。北美和澳大利亚两地率先意识到，在能够承担减少开发所带来后果的前提下，应适当减少这种开发。非洲一些殖民地国家紧随其后，那里自然资源丰富，人们在开采的同时也有意识地对其进行保护。在欧洲，直到20世纪初，才有少数国家开始效仿美国模式进行自然资源保护。但由于欧洲自身长期发展带来的巨大影响，以及欧洲人已对环境进行历史性的极大改造，他们很快就脱离了美国模式，开辟出了自己的道路。然而在此之前，旧大陆已经在两个方面预示了这种保护自然的发展趋势：第一是把国家财产的概念阐述为“完整的领土”，并且每个“有眼可察，有心可享”（出自英国诗人威廉·华兹华斯开创性的《湖区指南》）的人都应正当享有这些财产；第二是通过建立首批保护区进行真正的保护试验，以拯救正在迅速消失的部分森林，如建于1822年的德国德拉琴费尔斯自然保护区。

无论如何，“国家公园”这一概念是在新大陆上诞生的。1875年，美国密歇根州的麦基诺公园建立，首次被称为“国家公园”。但建于1872年的黄石公园常被认为是世界上第一个国家公园，该公园号称“为公众的利益和乐趣而建”。早期的国家公园还有澳大利亚悉尼的皇家国家公园（1879年）、加拿大艾伯塔省的班夫国家公园（1885年）和南非的克鲁格国家公园（1898年）。1909年，瑞典建立了欧洲第一个国家公园——萨勒克国家公园，现已被联合国教科文组织列为拉波尼亚地区世界遗产。相比之下，亚洲建立国家公园的脚步虽然慢了一些，但却是保护自然的先行者，早在1778年，蒙古国就建立了博格达山公园。环境保护的观念随着时间的推移而不断变化（本书中介绍的公园在相关信息调查中就体现了这些变化）。人们一直在两种观念之间摇摆不定，一是公园作为受保护的动植物栖息地，应准许人类活动或“娱乐”的参与；二是完全保留自然原本的环境面貌，人类只能路过或驻足观赏，不能干预。各个国家对环境保护问题有着不同的解读，尽管有些保护方法并不奏效，但他们却已采用了最佳方案，并最大限度调用了资源。早在1948年，各国就将需要协调多国保护自然的任务交给了自然保护联盟（International Union for Conservation of Nature，IUCN），这是一个非政府组织，总部设在瑞士格朗。国际自然保护联盟通过《濒危物种红色名录》监测各物种的生存状况，并编制和修改了保护区的分类准则（自1981年以来各保护区一直登记在世界保护区数据库中），该联盟提供保护区分类模型，确定指导方针并提出相关建议。

地球过去的经历以及现状使我们意识到，只保护有限的空间并不能阻止整体环境的持续恶化，保护政策只能延缓栖息地生物多样性的贫乏和衰退。因此，有必要建立自然走廊和跨国公园，将各保护区连接起来，从而消除各国强加的人为限制，让动植物更自由地生存和活动，并回到原本属于自己的家园（至少让一小部分栖息地得以重建），重新生活在它们的自然栖息地中，从而免遭灭绝。这其实算是北美的一个“老办法”，在北美，两个相邻的国家公园——美国冰川国家公园和加拿大沃特顿湖国家公园于1932年合作建立了世界上第一个和平公园（也称为跨国公园），巩固了两者之间的友谊。如今，自然环境保护的范围进一步扩大：2007年，世界自然保护联盟列出了227个跨国保护区，总面积超过约460万平方千米，其中一些已经建成，另一些则处于规划阶段。该联盟制订的指南还强调需要开展更广泛的治理，承认私人干预的重要性，以及需要以更公平的方式分配成本和利益，并由此鼓励和支持需当地民众参与的混合管理政策。通过这些措施，我们有望实现2011—2020年《生物多样性战略计划》中所确立的目标，该计划是在日本爱知县制定的，旨在保护世界上17%的土地和湿地以及10%的海洋。根据世界自然保护联盟2014年的报告，我们完成了第一个目标的15.4%（其中，中美洲和南美洲国家取得了最大进展）和第二个目标的3.4%（新喀里多尼亚保持着这一纪录）。总的来说，受保护总面积达约3 200万平方千米，这是一个巨大的成功，因为在1990年，地球上受保护地区的面积仅为约1 340万平方千米。然而，还有约2 600万平方千米的土地需要更大的保护力度……

第2-3页 斯瓦尔巴群岛：这只18个月大的北极熊幼崽几乎和妈妈一样大。

第4-5页 这些长颈鹿高达5~6米，在纳米比亚平坦干旱的埃托沙平地上尤为显眼。

第7页 清晨，科罗拉多河仍笼罩在大峡谷的阴影中。

第9页 日落时分，佛罗里达大沼泽地上倒映着一只大白鹭的剪影。

第10-11页 大西洋的雾气笼罩在纳米布沙漠的索苏斯盐沼沙丘上空。

第12-13页 哈迪礁是澳大利亚大堡礁的一部分，装点着鲍恩海域。

欧洲

瓦特纳冰川国家公园（Vatnajökull National Park）

冰岛

在冰岛的地图上有一个巨大的白点，这就是瓦特纳冰川（Vatnajökull，“jökull”在冰岛语中意为“冰川”）。瓦特纳冰川面积约 8 100 平方千米，不包括俄罗斯谢韦尔内岛上约 20 000 平方千米的冰盖，占该国总面积的 8% 左右，是欧洲第二大冰川，仅次于斯瓦尔巴群岛的奥斯特佛纳冰盖。瓦特纳冰川平均厚度为 400~600 米，最大厚度约 950 米，冰块体积为 3 300 立方千米，位居欧洲第一、世界第四，仅次于南极洲、格陵兰岛（丹麦属地，也是北美大陆的一部分）和南巴塔哥尼亚冰原。据专家估计，即使是冰岛流量最大的河流——厄尔夫萨河，也需要 250 年才能将瓦特纳冰川中的冰冻水量注入大海。吉尼斯世界纪录显示，该冰川高度从 300~2 000 米不等，是世界上视觉最宽的“物体”。一位英国水手声称，1939 年一个异常晴朗和明亮的日子里，他在约 550 千米外的法罗群岛山顶看到了瓦特纳冰川。

瓦特纳冰川矗立于一个巨大的国家公园中心，该公园还包括另外两个小公园，这两个公园里有着大片的白桦林和壮观的瀑布。公园南部是斯卡夫塔费德自然保护区，景观与阿尔卑斯山有着异曲同工之妙，是北极狐经常出没的地方；北部是杰古沙格鲁夫尔公园，公园内有一个与之同名的宏伟峡谷，长约 24 千米，深约 100 千米，还有马蹄形的奥斯比吉断层崖，暴冈鸌在其陡峭的岩壁上筑巢。公园的另一部分是潟湖荒野（东南部），这是一片荒凉的沙漠，有着 700 万前 ~500 万年前形成的七彩岩。瓦特纳冰川下隐匿着绵延不绝的活火山，其中最大的是巴达本加火山，海拔约 2 009 米，从 2014 年至 2015 年持续喷发了六个月，喷射出约 1.6 立方千米的熔岩和含有 1 200 万吨硫酸的有毒云层。但最活跃的火山是格里姆火山，海拔约 1 725 米，在过去的 800 年里至少喷发了 60 次，火山灰染黑了斯卡夫塔费德自然保护区脚下的海滩，这个几乎完全被巨大冰块覆盖的地方任凭火山摧残。这种现象被称为火山融冰洪流（jokulhlap），国际上以此定义冰川下火山喷发致使冰川融化，从而引发洪水的现象，壮观的景象令人望而生畏。整个过程是这样发生的：岩浆涌出火山口，将冰融化成水，形成一个湖泊，被封存在一层冰下。当表面那层冰坍塌时，水流以极快的速度喷涌而出，沿途的一切都被淹没。1996 年，斯卡夫塔费德自然保护区被每秒约 45 000 立方米的洪水淹没，随后又被高达 10 米的冰山覆盖。瓦特纳冰川南端矗立着冰岛最高的山峰——华纳达尔斯赫努克火山，海拔约 2 109 米，位于厄赖法耶屈德尔火山之下，自 1717 年以来一直处于休眠状态。但这个名字仍然令人担忧：厄赖法耶意味着“沙漠”，听起来似乎是一个遭受过火山喷发的地方。

第 15 页 斯瓦蒂瀑布（冰岛语意为“黑色的瀑布”），得名于身后岩石环绕的圆形场地，由六棱柱形状的玄武岩“壁柱”组成，位于斯卡夫塔费德，从公园入口处步行 30~40 分钟即可抵达。

公园简介

- **地理位置**：冰岛东部地区和南部地区
- **交通信息**：从斯维纳费德（1 号高速公路）出发
- **占地面积**：1 395 200 公顷
- **建立时间**：2008 年
- **动物资源**：北欧驯鹿、粉脚雁、海豹、北极燕鸥、北极塘鹅、大贼鸥
- **植物资源**：落叶松、柳树、花楸树、苔藓、菌类
- **著名步道**：瓦纳林迪尔（Hvannalindir）绿洲、杰古沙格鲁夫尔峡谷、斯瓦蒂瀑布、斯卡夫塔费德冰川
- **气候条件**：副极地气候
- **建议游玩季节**：夏季（公园全年开放）

第 16 页 从这些冰碛可以看出，就连冰岛的冰盖也受到了全球变暖的影响。在大约 19 世纪初小冰河时代末期，冰盖的许多“舌头（冰川从粒雪盆流出的舌状冰体）”达到了最大尺寸。

第 17 页 斯维纳山冰川位于斯卡夫塔费德自然保护区，是瓦特纳冰川的冰舌之一，该地裂缝幽深、山脊形状奇异，于 1967 年成为国家公园。

公园简介

- **地理位置**：瑞典诺尔兰
- **交通信息**：耶利瓦勒机场
- **占地面积**：940 000 公顷
- **建立时间**：1996 年
- **动物资源**：棕熊、猞猁、麋鹿、水獭、狼獾、松貂、白尾海雕、金雕、游隼、北极狐、赤狐
- **植物资源**：桦树和针叶林
- **著名步道**：国王之路、帕耶兰塔步道
- **气候条件**：亚北极气候
- **建议游玩季节**：3 月至 9 月

拉普兰区
（Laponian Area）
瑞典

拉普兰区已被列入《联合国教科文组织世界遗产名录》（后称《世界遗产名录》），该地区包括拉普兰的部分领土，这些区域是有效保护的典例，意义重大，因此瑞典政府之前就将其列为重点保护对象。拉普兰区西部是帕耶兰塔国家公园、萨勒克国家公园和斯多拉苏弗雷特国家公园，东边是肖尼亚（Sjaunja）和斯图巴（Stubba）自然保护区以及穆杜国家公园。这里的环境几乎没有遭到任何破坏，保留着自身特色，生长着大片亚北极山毛榉森林，这些植物向人们展示了树木生存的极限（主要是常绿乔木）。西部由高原和山脉组成，而东部的平原是欧亚针叶林带的西部边界，从那里涌现出残丘或岛山，这些孤立的岩石山脉从平原上陡然升起，最大限度地抵御了大自然的力量对周围乡村的侵蚀，防止将这些乡村夷为平地。瑞典和芬兰是欧洲仅有的两个有上述现象的国家。

平坦的东部地区不过是所谓的“波罗的地盾”的裸露碎片：厚度 200~300 千米，显露出欧洲最古老的岩石，即前寒武纪片麻岩和绿岩。这里有 700 多岁的古树和新植被形成所必需的原始枯树丛，从中可以看出挪威云杉和苏格兰松并没有受到集约造林的影响。另外，西部的公园拥有全国最高的山脉：仅萨勒克国家公园就有 200 个海拔超过 1 800 米的山丘，还有大约 100 个冰川。山谷中有着优良的牧场，再加上严禁狩猎，孕育了庞大的麋鹿种群。在帕耶兰塔高原上还有着富含营养的草地，肥沃的土壤孕育了斯堪的纳维亚半岛山区极为丰富的植物群落，其中有 400 多种维管植物。

这里是拉普兰人（也称萨米人）夏季放牧驯鹿的地方，秋季他们会从这里返回东部地区。联合国教科文组织推广宣传拉普兰区的主要原因之一是，这一地区仍然延续着古老的游牧习俗，并且是面积最大、保存最完好的地区之一。不出所料，拉普兰人传承了这一习俗，他们在该地区生活了大约 10 000 年，并从 16 世纪开始实行集约畜牧业。从那时起，他们就带着大约 35 000 头牲畜，沿着相同的季节性路线行进。虽然一些拉普兰人已经放弃了传统的游牧生活，但几个世纪以来，拉普兰人和他们驯养的不断迁徙的驯鹿已成为拉普兰不可分割的一部分。

瑞典北部荒野形成于 1 500 万年前 ~1 000 万年前发生的冰川作用，现在呈现着冰缘地区的典型地貌，如穹形泥炭丘（palsa），即苔原沼泽附近形成的形似圆顶的霜丘。这些小丘上覆盖着泥炭，内部有一个冰芯，由于不断结冰，冰量增加，进而导致土壤膨胀，形成圆顶状。此外，还有一个很有趣的自然现象，即拉帕河内三角洲的扩张。拉帕河是萨勒克河的一条支流，由萨勒克山上的冰川形成。它蜿蜒数十千米后，进入一个形态不断变化的河口，河口的水流入莱陶勒湖。这片湿地受《拉姆萨尔公约》的保护，肖尼亚自然保护区内 200 000 公顷的泥炭沼泽、湖泊和水道也在其保护范围之内。

第 18-19 页 由于原始湖盆的宽度有限，拉帕河在莱陶勒湖（Lake Laiture）附近形成了一个狭长的三角洲。该地区（倾斜度为每千克 0.125~0.1875 度，难以察觉）被运河和浅盆地包围，这些运河和浅盆地被天然堤坝隔开，在该地区穿行而过。

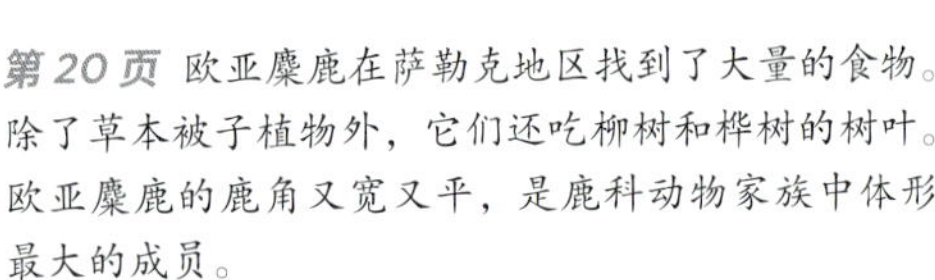

第 20 页 欧亚麋鹿在萨勒克地区找到了大量的食物。除了草本被子植物外，它们还吃柳树和桦树的树叶。欧亚麋鹿的鹿角又宽又平，是鹿科动物家族中体形最大的成员。

第 20-21 页 这些公园属于联合国教科文组织保护区，这里似乎是拉普兰唯一的物种——棕熊的避难所。图中是一只母熊带着它的两只幼崽。

第 22-23 页 北极光由太阳风和高层大气中的气体原子碰撞形成。在拉普兰，9 月中旬到次年 3 月是观赏极光的最佳时机，午夜时分观赏更佳。

诺德韦斯特 – 斯匹次卑尔根岛国家公园（Nordvest-Spitsbergen National Park）

挪威 · 斯瓦尔巴群岛

莫芬岛看起来像是北冰洋海面上的救生圈，但它实际上是一个环形小岛，位于斯匹次卑尔根岛（斯瓦尔巴群岛中最大的岛屿）北海岸，由中央潟湖周围的滩脊组成。莫芬岛还像救生艇一样拯救了许多生命，比如大西洋海象。这些海象因其长长的獠牙、厚厚的皮肤和海兽脂而遭到猎杀，在群岛上几乎灭绝，直到 1952 年受到保护，情况才得以好转。目前这里大约有 2 000 只海象，这在一定程度上要归功于小莫芬岛，它现在是海象的"度假胜地"，数百头海象在特定的季节聚集在小岛南端"度假"。这个面积仅为 6 平方千米的低台地没有任何裸露的坚硬岩石，但它是各种海鸟的家园：黑雁、几对萨宾氏鸥（只在斯瓦尔巴群岛筑巢）和北极燕鸥都生活在这里。北极燕鸥是名副其实的"迁徙冠军"，在长途飞行方面无可匹敌。每年它都会从繁殖地北极飞到南极洲过冬，此时南半球正值夏季。它们在 8 月底至 9 月初出发，5 月左右返程。奇怪的是，这种鸟不是沿着最短的路线直线飞行（约 20 000 千米），而是绕过中美洲、南美洲和非洲南部海岸线，沿 S 型航线飞行。平均每天去程飞行约 330 千米，返程约 550 千米，迁徙行程可达 70 000~80 000 千米。这种小鸟仅重约 125 克，平均预期寿命为 29 岁，它们一生累计飞行距离相当于从地球到月球往返三次！

位于北纬 80° 的莫芬岛独具特色，已被国际鸟盟（BirdLife International）列为重要的鸟类保护区。但它绝不是诺德韦斯特 – 斯匹次卑尔根岛国家公园里唯一一个令人着迷的重要岛屿，此外还有吉塞兹霍尔门岛（Guissezholme）、斯科帕岛（Skorpa）和摩苏亚岛（Moseoya），这些岛屿是黑雁、绒鸭、黑鸟和海鸠、三趾鸥、长尾鸭和小海雀等主要筑巢鸟类种群的栖息地。事实上，整个沿海地区及其众多岛屿都是一个鸟类保护区，约占公园面积的三分之一，西面是完全不结冰的大海，这是北冰洋弗拉姆海峡的一大特色。弗拉姆海峡位于格陵兰东北部和斯皮茨卑尔根西侧，一股温暖的咸水流向东部，而一股寒冷的、盐度较低的水流则沿着相反的方向流淌，所以这里不结冰。除了广阔的海滩和冰川峡湾，这片土地的海拔高达约 1 400 米，以其裸露的冰原和双峰而闻名，这些冰原内部和边缘有着孤立的山峰或山脊，是植被的栖息地和"避难所"。博克峡湾从北向南在陆地上穿行而过，将西部高山地带与东部圆形的红色山脉分隔开来，这里有着人类已知最北端的温泉：巨魔（Troll）和乔顿（Jotun），位于北纬 80° 附近。

第 25 页 斯瓦尔巴群岛特有的斯瓦尔巴群岛驯鹿（Svalbard reindeer，*Rangifer tarandus platyrhynchus*）是驯鹿家族中体形最小的成员，腿短，皮毛颜色浅。它们一般由 3 只到 5 只组成小群体（交配季节除外），在几乎所有没被冰川覆盖的地区过着定栖生活。

公园简介

- **地理位置**：挪威阿尔伯特一世领地和哈康七世领地（斯匹次卑尔根，斯瓦尔巴群岛）
- **交通信息**：从新奥勒松出发
- **占地面积**：991 400 公顷（其中 368 330 公顷是陆地）
- **建立时间**：1973 年
- **动物资源**：北极狐、红点鲑、斯瓦尔巴群岛驯鹿
- **植物资源**：轮藻
- **气候条件**：极地苔原气候
- **建议游玩季节**：6 月至 9 月中旬（可乘坐游轮）
- **有关规定和其他信息**：从 5 月 15 日到 9 月 15 日，莫芬岛等鸟类保护区禁止游人入内（海岸 300 米以内不得靠近）

第 26-27 页 斯瓦尔巴群岛（“冷海岸”）上的冰川一直是科学家不断研究和探索的对象。它们快速融化，将淡水排入大海，这些淡水在与咸水相遇之前蒸发，增加了降雨量，也使北极气候变得越来越温和。

第 28 页 北极熊（*Ursus maritimus*）与科迪亚克岛棕熊一样，是陆地上最大的食肉动物。数以千计的北极熊生活在斯瓦尔巴群岛，尽管该群岛（位于挪威和北极之间）面积的三分之二都是保护区，但由于气候变化（主要原因），它们的种群数量仍在减少。

第 29 页 北极熊是一种跖行动物，从其学名可以看出它们最喜爱的生存环境，并且不难发现它们擅长游泳。由于种群数量减少，围猎海豹变得更加困难。
此外，雌性海豹必须留在干燥的陆地上，也就是它们繁殖的地方。

第 30-31 页 三趾海鸥（Three-toed gulls, *Rissa Tridactyla*）聚集在摩纳哥冰川附近的丽芙峡湾或洛夫拉峡湾水域。后者约 40 千米长，
发源于海拔约 1 250 米的伊萨克森福纳（Isachsenfonna）冰盖。

公园简介：

- **地理位置**：英国坎布里亚郡
- **交通信息**：从席斯威特县安布尔赛德镇出发
- **占地面积**：229 200 公顷
- **建立时间**：1951 年
- **动物资源**：松鼠、红点鲑、秃鹫、穗即鸟、短耳鸮、鸭鹰（游隼）、黑喉石䳭、草原石䳭、红隼、赫德威克种羊
- **植物资源**：1 300 多种［包括岩荠、海紫菀、补血草、泥炭藓、火烧兰、沼泽兰（*Anacamptis palustris orchid*）、紫花虎耳草、梅花草、野生洋甘菊、酸模、千里光、钻果蒜芥、细叶二行芥等］
- **著名步道**：从布罗迪凯尔德出发（Broth-erilkeld），途经埃斯克代尔的斯科费尔峰（Scafell Pike）步道、格拉斯米尔的费尔菲尔德马蹄步道（Fairfield Horseshoe）、赫尔韦林山（Helvellyn）上的阔步峰步道和布伦卡思拉（Blencathra）上的山脊峰顶（Sharp Edge）步道
- **气候条件**：海洋性气候
- **建议游玩时间**：3 月至 6 月

英国湖区国家公园
（Lake District National Park）
英国·英格兰

英格兰西北部的丘陵地区是著名的“湖泊区”（Lakeland），这里湖泊众多，阿尔斯沃特湖（Ullswater）便是其中之一。英国浪漫主义诗人威廉·华兹华斯在诗歌《我孤独地漫游，像一朵云》（*I Wandered Lonely as a Cloud*）［又名《水仙花》（*The Daffodils*）］中描写了阿尔斯沃特湖湖畔的金色水仙花，令人印象深刻。他在这里度过了60年与大自然亲密接触的时光，并在1810年出版的《湖区指南》（*A Guide Through the District of the Lakes*）中描述了这段经历。华兹华斯和许多其他“湖畔诗人”一样，着迷于这片广阔的水域。这里有英格兰最幽深狭长的水域，散布在最高的“山脉”之间，主峰斯科费尔峰（Scafell Pike），尽管高度中等，只有978米，却获得了“国家屋脊”的称号。这类潮湿的地区在英国仅此一处，其16个主要湖泊由U形山谷中的冰蚀作用形成，此外还有53个小湖泊（称为特朗、冰斗或水域），位于海拔较高的冰川。这里地质活动的痕迹在岩层中清晰可见，整个过程和威尔士斯诺登尼亚地区的形成很相似。最古老的岩石可追溯到奥陶纪：即易碎的白色斯基多板岩（Skiddaw slate），一种变质沉积岩，还有博罗代尔火成岩（Borrowdale igneous rock）。博罗代尔火成岩更耐侵蚀，形成了该地区最高的山脉，包括斯科费尔峰，科学家认为这些山脉曾是一组火山岛的一部分，类似于西太平洋的火山岛。此外，还有温德米尔超群（Windermere Supergroup）中的志留纪石灰岩，来自更年轻的地质时代。这一切构成了此地多样化的景观，孕育了多层次的栖息地体系，分布在几百码（1码约合0.9米）内不同的高度，并适应了此地强降雨的环境（这里的降雨量远高于全国平均水平）。

丰沛的雨水孕育了这里缺乏腐殖质的神秘石南荒原和刺柏灌木丛，还有平原上的沼泽，以及天然的橡树和松树林。这片土地上栖息着数量庞大的鸟类，最受人关注的是一只成年金雕，这是英格兰唯一一只金雕（也有人声称发现过一对年轻的金雕）。据估计，那只金雕的年龄为16~18岁，它的配偶在2004年失踪或死亡之后，它就一直独自生活。从那时起，它就在霍斯沃特湖（Haweswater）附近的里金代尔山谷（Riggindale Valley）上空表演杂技来吸引雌性，颇有苏格兰人的做派。这里是最东边的一个偏僻湖泊，实际上是一个水库，修建大坝之后，水库变得更大了。自20世纪50年代末以来，这一地区一直是金雕的栖息地，第一只在这里出生的金雕于1969年登记在册。目前，这只金雕被认为是第三只统治该地区的雄性。此外，该地的四个湖泊中有一种极其稀有的鱼——白点鲑（*Coregonus stigmaticus*），这种鱼从冰河时代幸存下来，至今仍是濒危物种（部分原因是食鱼鸬鹚的捕杀）。这个物种有四个幸存种群，一个生活在上文提到的霍斯沃特湖，另外三个种群的状况更乐观一些，分别生活在兄弟湖（Brothers Water）、红湖（Red Tarn）和湖畔长满水仙花的阿尔斯沃特湖。此外，文第斯白鲑（*Coregonus vandesius*）只在德文特湖（Derwentwater）中存活了下来，目前被重新引入了苏格兰的一个湖泊。

第32-33页 拉弗里格（Loughrigg）此时正值秋天，它是温德米尔湖北部的一个小湖泊，温德米尔湖是英国最大的天然湖泊。诗人威廉·华兹华斯称其为“戴安娜的镜子……圆的，像天堂一样清澈、明亮”。

第33页 卡斯尔里格（Castlerigg）石圈位于布伦卡思拉（Blencathra）山下，是散布在英国和法国布列塔尼等地数千个类似的遗迹之一。它可以追溯到公元前3300—前900年，据说曾用于举办仪式。

第 34 页 溪流上有一座石桥，落差约 20 米，形成了艾拉瀑布（Aira Force waterfall），位于英格兰第二大湖阿尔斯沃特湖下方约 1 千米处。

第 34-35 页 荒原上覆盖着盛开的石楠花，在这里可以欣赏到德文特河和德文特山谷的壮丽景色。18 世纪和 19 世纪的纺织厂建立在此地，被联合国教科文组织列为世界遗产。

公园简介：

- **地理位置**：英国威尔士
- **交通信息**：从贝图瑟科伊德（Betws-y-Coed）的马汉莱斯出发
- **占地面积**：214 200 公顷
- **建立时间**：1951 年
- **动物资源**：山羊、牙鳕、秃鹫、隼、红嘴山鸦、鸭鹰、穗即鸟、画眉、乌鸫、欧亚鸲、鹪鹩、雀、长耳鸮、布谷鸟、松鸦、白鲑、红松鼠、獾、黄鼠狼、鼬、貂、水獭
- **植物资源**：冬欧石楠（winter heath）、紫色虎耳草
- **著名步道**：2 410 千米；兰贝里斯小径（Llanberis Path）、瑞德小径（Rhyd Ddu Path）、斯诺登山脊小径（Snowdon Ranger Path）
- **气候条件**：海洋性气候
- **建议游玩季节**：夏季

斯诺登尼亚国家公园（Snowdonia National Park）

英国 · 威尔士

伊德沃尔湖（Lake Idwal）就像一只碗，装满了清澈见底的湖水，坐落在因风蚀作用而峭壁林立的高原上，遍布着碎石坡、冰碛和形状不规则的巨石。伊德沃尔（Cwm Idwal）是威尔士第一个自然保护区，位于斯诺多尼亚西北部，这里崎岖而迷人的风景在 19 世纪就吸引了伟大的博物学家——查尔斯 · 达尔文的目光。许多植物学家至今仍然会前往此地，研究诸如繁星虎耳草（starry saxifrage）类的植物，这种植物生长在通往小湖道路边的泥泞地区——有簇状虎耳草（tufted saxifrage）、雪地虎耳草（snow saxifrage）和无茎蝇子草（moss campion, *Silene acaulis*）。但他们去那里主要是为了观察研究斯诺登百合（Snowdon lily），这种植物因全球变暖而濒临灭绝，这里是在英国唯一能找到它们的地方。6 月，它们在人迹罕至的岩石中开花，以躲避山羊和绵羊的啃食；还有斯诺登水兰（Snowdonia hawkweed, *Hieracium snowdoniense*），这种当地特有的植物曾被认为已经灭绝，但人们于 1967 年在伊德沃尔再次发现了它。这个小岛有着丰富的自然风光和历史文化，是虹金叶甲（*Chrysolina cerealis*）在英国唯一的栖息地，也是威尔士自然保护区的明珠。

斯诺登尼亚国家公园内有两个自然奇观。首先是斯诺登山，英国高地以南最高的山峰，海拔 1 085 米，算不上很高，但山顶上的海洋生物化石揭示了它的地质历史。然后是威尔士最大的天然湖泊巴拉湖（Bala 或 Lyn Tegid），面积近 5 平方千米，是环颈鸫、穗即鸟和鸭鹰等高地鸟类经常光顾的地方。最重要的是，这里是彭氏白鲑（gwyniad fish, *Coregonus pennantii*）的栖息地，这是一个独特而古老的物种，属于鲑鱼科，由于冰川碎屑堵塞了迪河谷（Dee River valley）及其出海口，导致它困在湖中。根据斯诺登尼亚岩石的年龄和结构可以了解它的历史，其中一些是火山岩，例如斑岩，另外一些是沉积岩，如板岩。它们有着近 5 亿年的历史，由大陆板块碰撞形成，撞击使阿瓦隆尼亚大陆（即英格兰南部）和劳伦古大陆（苏格兰）合并，目前这两个大陆板块被浅海隔开，与巨神海（Iapetus Ocean）相连。这两块陆地相互挤压后合并，导致海床因火山物质堆积而隆起。这些隆起的海拔和阿尔卑斯山一样高，但经过数亿年的侵蚀，如今只能看到一座座小山丘。此外，冰川形成了陡峭的山谷斜坡，并孕育了约 100 个有着黑暗水域的小湖泊。公园内有大片常遭风雨侵袭的荒野地带和沼泽地，还有爱尔兰海沿岸约 60 千米的沙质海岸线。在公园中央布莱奈 · 费斯蒂尼奥格村（Blaenau Ffestiniog）周围，是专门界定在保护区之外的板岩采石场，英国一些最著名建筑的屋顶用材——灰色板岩就来自这里。

第 36-37 页 这座城堡坐落在多尔威泽兰山（Dolwyddelan）上，13 世纪上半叶由卢埃林大帝（Llywellyn the Great）建造而成，属于控制斯诺登尼亚的哨所体系，该体系还包括多尔巴达恩城堡（Dolbadarn）和普里瑟（Prysor）城堡。

第 37 页 克雷格南湖（Cregennan Lakes）位于卡迪尔 · 伊德里斯（Cadair Idris）的西坡上，伊德里斯是一座有着冰斗和冰碛火成岩的山脉，海拔约 800 米，盛产鲑鱼。

第 38 页上 橙黄网孢盘菌（*Aleuria aurantia*）子实层面薄，
呈橙黄色或鲜橙黄色（因此俗称橘子皮真菌），
形状像一个波浪形边缘的杯子。这种真菌于夏秋季在山区生长出来。

第 38 页下 云芝（turkey tail polymore mushroom, *Trametes Versicolor*）
分布广泛，一年四季都生长在活树或枯树树干上，
尤其是阔叶树树干，包括公园里常见的无梗花栎（Quercus Petraea）。

第 39 页 熊蒜（Wood garlic, *Allium Ursinum*）属于百合科，花朵白色，
叶呈长矛尖状，有强烈的大蒜气味；喜阴凉，
生长在有阔叶树的潮湿树林中，在溪流边尤为常见。

塔特拉国家公园
（Tatra National Park）
波兰

塔特拉山脉（Tatra Mts.）位于波兰和斯洛伐克交界处，是喀尔巴阡山脉（Carpathian range）的一部分。喀尔巴阡山脉呈弧形，由多个山群组成，从捷克共和国一直延伸到塞尔维亚，“腹部”朝东，绵延1 500千米。塔特拉山脉是阿尔卑斯山造山运动的产物，也是喀尔巴阡山脉中海拔最高且唯一具有“高山”特性的山脉，因此十分珍贵。塔特拉斯山脉东部由花岗岩组成，大约有20座海拔超过2 000米的山峰，其中莱希山（Rysy）峰顶高达2 499米，岩壁陡峭险峻，难以攀登，但塔特拉岩羚羊（*Tatra chamois*）却很适应这里的环境，它是臆羚属（*Rupicapra*）的一个特有亚种，这里是它们唯一的栖息地。但由于长期与世隔绝，数量稀少的塔特拉岩羚羊正濒临灭绝。

公园西部的风景更加秀丽。低矮的山脉，覆盖着草甸及茂密树林的水晶片岩和沉积岩，无数洞穴和上百个小湖泊散布其中，湍急的水流穿过幽幽山谷，形成了美丽的瀑布，如维卡·西克拉瓦瀑布（Wielka Siklawa）——波兰最大的瀑布，从五塘谷70米的高度倾泻下来，但它并不是最高的瀑布。山峦由冰川雕刻而成，但现在只剩几块雪地。断断续续的水流在该地区的喀斯特地貌中形成了“涸谷”。许多溪流很短，从陡峭的山坡上流下来，“消失”在地下洼地，又在其他地方重新出现。一些湖泊甚至把湖水“借给”其他湖泊，这种湖水交换现象在加西尼科瓦（Gasienicowa）落水洞和奥尔奇斯卡山谷（Olczyska）的盆地之间时有发生。此外，富含碳酸氢盐、钙和镁的地下溪流流向不透水的地层，然后向上涌出，形成了变幻莫测的泉水。这种现象被称为“复苏”。

公园的独特的地质特征以及多样的土壤和气候条件使其成为约1 000种维管植物的家园，中欧地区很少有如此大规模的丰富植被，其中最引人注目的是兰花，波兰的47种兰花中有27种都生长在这里。漫步公园，阿尔卑斯山上的“宝石”映入眼帘：有开着红花的暗红火烧兰（*Epipactis atrorubens*）和皇家火烧兰（royal Helleborine），都是常见的植物，还有长着绿紫色花冠的假麝香兰。在波兰，泰姆尼亚克山（Mt. Temniak）是唯一生长着假麝香兰的地方，这无疑是园区的一大特色。

此外，有些物种拥有帮助自身授粉的“秘密武器”，如杓兰（*Cypripedium calceolus*），别称“女神之花”“拖鞋兰”，其唇瓣（中央花瓣）呈拖鞋形状，这样昆虫在“逃脱”时就一定会摩擦到雄蕊而粘上花粉；苍蝇兰（*Ophrys muscifera*）只生长在乔乔罗斯卡（Chochołowska）、科斯特利斯卡（Kościeliska）和比斯特雷（Bystrej）山谷，花瓣形似苍蝇，能够吸引雄性苍蝇。还有附生兰（*Epipactis orchid*），它甚至能给昆虫下药，让它们停留更久，以便携带花粉。

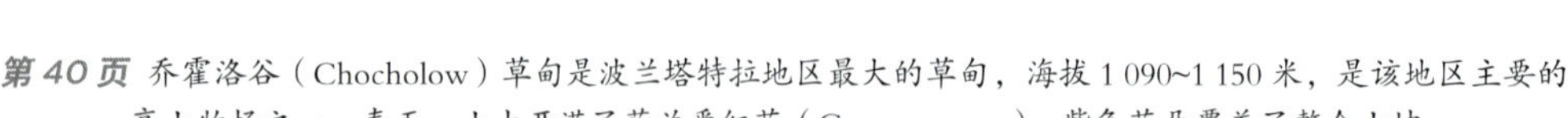

第40页 乔霍洛谷（Chocholow）草甸是波兰塔特拉地区最大的草甸，海拔1 090~1 150米，是该地区主要的高山牧场之一。春天，山上开满了荷兰番红花（Crocus vernus），紫色花朵覆盖了整个山坡。

第40-41页 塔特拉国家公园有几十个山地湖泊，其中最大的是“海眼湖”（Morskie Oko）和维利奇卡湖（Wielki），位于五湖谷。自1992年以来，塔特拉国家公园一直是联合国教科文组织的跨界生物圈保护区，附近斯洛伐克的保护区也是如此。

第42-43页 海拔高达1 250米的山谷覆盖着银皮冷杉（*Abies Alba*）和欧洲山毛榉（*Fagus Sylvatica*）的森林，而海拔高达1 550米的高地则主要生长着挪威云杉（*Picea Abies*）。

公园简介

- **地理位置**：波兰波德海尔；高塔特拉斯国家公园：日林斯基（Žilinský）和斯洛伐克的普雷绍夫（Prešovský）
- **交通信息**：从波兰扎科帕内出发（3 千米）；从斯洛伐克波普拉德出发
- **占地面积**：21 100 公顷（波兰）；73 800 公顷（斯洛伐克）
- **建立时间**：1954 年（波兰）；1949 年（斯洛伐克）
- **动物资源**：土拨鼠、塔特拉松田鼠、棕熊、欧亚猞猁（Eurasian lynx）、狼、欧洲水獭、小乌雕、隼
- **植物资源**：挪威云杉、银杉、欧洲落叶松、海滨植物、枫树、瑞士松、山松、雪绒花、虎耳草、塔特拉坏血病草、冰川毛茛、奶油色龙胆、矮樱草、矮柳树、卡林蓟
- **著名步道**：路程超过 270 千米
- **气候条件**：大陆性气候
- **建议游玩时间**：5 月中旬至 10 月

巴伐利亚森林国家公园
(Bavarian Forest National Park)
德国

无论如何，“让自然成为自然”！这是德国第一个国家公园——巴伐利亚森林国家公园管理者提出的理念，这里拥有从大西洋到乌拉尔山脉最大的森林和石南区。1990年，这个理念得到了验证，当时针叶林区受到树皮甲虫的侵扰，高海拔地区大量树木死亡。在那之后，人们进行了激烈而漫长的讨论，并设立了缓冲区，专门对抗这种昆虫，保护区中心区域则不允许任何人为干预，任由其野蛮生长。可以说这片森林是在虫灾的“废墟”中重生的。德国森林和毗邻的波希米亚森林是中欧面积最大的森林地带，生长在波希米亚群山的南部，由2.8亿年前的片麻岩基岩（带有一些花岗岩脉）组成，与摩尔多瓦－易北河水系（Moldova-Elbe river system）一起，将巴伐利亚和多瑙河盆地与捷克共和国分隔开来。岩石的解体和蚀变过程显现出这里远古的历史，从地貌的构造可以清楚地看出冰川时期新地层生长和堆积的过程，其特征是连绵起伏的丘陵和长而圆的山峰，海拔不超过1 400米。大部分土壤缺乏植物所需的营养元素。片麻岩和花岗岩呈酸性，变质过程相当缓慢，钾、钙和镁元素的含量很少，再加上低温环境［平均温度35.6~39.2华氏度（2~4摄氏度）］和每年长达7个月的积雪，即使在中高海拔地区，这里能拥有如此庞大的植被数量仍然令人惊讶。能够形成这样的自然景观，是由于枯木堆积在树林中，打造了一条植物生存的“生命线”。例如，由于较高海拔的挪威云杉树苗无法穿透像曲芒发草（*Deschampsia flexuosa*）和波浪草等厚厚的草本植物，只能扎根于能够为它们提供水分和养分的腐烂物质上。同时，蘑菇会分解树干，从而为树木提供理想的苗床。因此，真菌大量繁殖［大约有1 300种，其中一些非常稀有种类只生活在此地，如黄小薄孔菌(*Antrodiella citrinella*)］，树木高达50米。

森林较高处主要是生长在灰白色或黑色灰壤中的挪威云杉，偶尔会有枫树和花楸树，高度中等（700~1 150米），腐殖质含量较高的棕色土壤更有利于植物多样性。山毛榉是这里的主要植物，但它不得不与欧洲银杉和云杉共享这片土地，由于20世纪上半叶开展的集约林业运动有利于针叶树的生长，欧洲银杉和云杉的数量非常庞大，它们有两个主要的生长区：广阔的山毛榉森林（Luzulo-Fagetum，由两三种地杨梅组成的低矮植被）和车叶草山毛榉（Asperulo-Fagetum）森林，这里不仅有更多的草本植物，还有枫树、山榆、大叶椴、白蜡树、红豆杉和野生樱桃树等。在海拔700~900米的积水山谷中，灰黏土泥泞而黏稠，是排水不良地区的典型特征，上面生长着冲积林，其中云杉树、桦树、欧洲桤木和柳树相伴而生。此外，这里苔藓的种类也极为丰富，已知的有490种，占德国总数的42%。还有弱不禁风的多裂阴地蕨（*Botrychium multifidum fern*），它是欧洲最濒危的物种之一。

第44-45页 19世纪中叶，公园里一只狼都没有，因为狼臭名远扬，不可能将它重新引入园区。但作为马鹿唯一的捕食者，狼在以自然方式限制马鹿的数量中扮演着至关重要的角色，因此它们时常会自行进入公园捕猎。

公园简介

- **地理位置**：德国巴伐利亚州；舒马瓦国家公园（Šumava National Park）：比尔森和南波希米亚（捷克）
- **交通信息**：从德国代根多夫出发（40 千米）；从捷克温佩尔克出发
- **占地面积**：24 217 公顷（德国）；68 064 公顷（捷克共和国）
- **建立时间**：1970 年（德国）；1991 年（捷克共和国）
- **动物资源**：多瑙哲罗鱼（Danube salmon）、鬼鸮、欧亚三趾啄木鸟、狼蛛、鹰鸮、长尾林鸮、水獭、松鸡、花尾榛鸡、花头鸺鹠、白背啄木鸟、熊、狼、欧洲野牛、猞猁、马鹿
- **植物资源**：碎米荠、罗布麻（*Epilobium nutans*）、柳草、湿生苔草（Carex paupercula sedge）、石松［高山石松、深根毛苔（deeproot clubmoss）、扁枝石松（creeping cedar）、采勒贝石松（Zeiller' s clubmoss）、奥尔加德石松（Oellgaard' s clubmoss）］
- **著名步道**：全长 300 千米；巴伐利亚州森林公园（Baumwipfelpfad）（林中小径禁止通行）
- **气候条件**：大陆性气候，潮湿，夏季凉爽
- **建议游玩季节**：夏季

第 46 页 一只棕熊正在树干上磨指甲。卢斯山（Mt. Lusen）上已经建立了保护区，以保护森林中主要动物物种（包括熊、山猫和狼等）的自然栖息地。

第 47 页 在过去的 20 年里，由于毗邻捷克的舒马瓦国家公园在 20 世纪 80 年代发起的一个项目，山猫再次成为公园的“居民”，该项目从喀尔巴阡山脉（Carpathian Mts）引进了 18 只山猫，以控制公园里的鹿群数量。

瑞士国家公园
（Swiss National Park）
瑞士

在瑞士国家公园，科研人员不仅发现了 13 个兽脚类恐龙的脚印，还发现了 25 个更大的脚印，长度超过 40 厘米，来自一种两足食草恐龙，很可能是属于原蜥脚类（Prosauropoda clade）的板龙。这个发现非同寻常，因为这么长的一串脚印在欧洲十分罕见。它们是于 1961 年在海拔 2 450 米的迪亚维尔峰（Piz dal Diavel）上发现的，并在三叠纪末期（2.2 亿 ~2 亿年前），阿尔卑斯山形成之前一直留在那里。当时，瑞士还是一片冲积平原，堪称欧洲大陆的侏罗纪公园。在白云斑灰岩上有高原龙的脚印，还有介形虫（ostracodes）、鱼类和植物的遗迹。后来，这些印迹和其他遗迹一起随着构造运动被推到了山顶，形成了阿尔卑斯山—喜马拉雅山系带，这一运动始于 1 亿年前，至今仍在进行中。除此之外，这个海拔高达 1 400~3 200 米的地方还有许多其他地质历史遗迹。公园内大部分山峰都是由来自边缘海的易碎黄绿色白云石块构成，2 亿多年以来，它们一直沉积在边缘海。在海底还发现了贝壳、蜗牛、鱼类和鱼龙的化石，以及一大片珊瑚，这些都深深嵌入海拔约 2 500 米的穆泰尔（Murtèr）鞍座上的珊瑚石灰岩中。此外，有一种原生动物——放射虫，在 1.5 亿年前出现，它们的骨架由无定形水合硅（蛋白石）构成，至今仍生活在冰冷的海洋水域。放射虫死亡后，它们的骨架会沉到海平面以下 5 000 米处的海底，形成放射虫岩，这种岩石硬度极高，在石器时代就被用来制作工具。如今，这种岩石位于瑞士国家公园的埃桑峰（Piz d'Esan）山脚下。还有一种沉积岩——红色砂岩，因为颜色发紫而格外显眼，是胶结砂和砾石的混合物，是由阿尔卑斯山脉形成之前的侵蚀运动产生的。

这一切共同勾勒出这里的壮丽景色：最高峰矗立在生长着帚石楠、苔草（*Carex firma*）、蓝禾和开着花的仙女木的草地上，经受着寒风的吹打，暴露在强烈的紫外线照射下，景色格外迷人。在海拔 2 300 米森林边缘的低矮灌木丛中，深绿色的弯曲山松和瑞士松树与色彩鲜艳的阿尔卑斯玫瑰和越橘灌木交相辉映。这个特别适合野生动物生存的栖息地，在鹿交配的季节是一个壮观的舞台。从 9 月中旬到 10 月初，特鲁普春谷（Val Trupchun）是有蹄动物的家园，在这里，雄性为争夺配偶而彼此竞争。它们的武器被称为"鹿鸣"，是一种介于哞声和咆哮之间的声音。只有吼叫声最洪亮的雄鹿才能赢得战斗的胜利，战斗前要进行一系列复杂的仪式，最后它们会沿着平行线来回穿梭，以确定对手鹿角的大小和力量。

第 49 页 无茎龙胆（*Gentiana acaulis*）花冠呈蓝色，花茎非常短，因此得名。它在阳光充足的晚春和夏季开花，分布在海拔 800~3 000 米处。

公园简介：

- **地理位置：**瑞士格劳宾登州，恩嘎丁
- **交通信息：**从采尔内茨出发
- **占地面积：**17 200 公顷
- **建立时间：**1914 年
- **动物资源：**500 多种动物（包括岩羚羊、北山羊、狐狸、土拨鼠、田鼠、野兔、松鼠、岩雷鸟、金雕、胡兀鹫、星鸦、极北蝰、胎生蜥蜴、林蛙、红木蚁、山黄蝶、灰熊、猞猁、狼等）
- **植物资源：**659 种（包括瑞士松、山松、落叶松、挪威云杉、无茎蝇子草、匍茎点地梅、冰川毛茛、矮毛茛 [dwarf buttercup]、高山柳穿鱼 [Alpine toadflax]、阿尔卑斯罂粟、短距手参兰 [*Nigritella* orchid]、紫菀千里光 [*Jacobaea abrotanifoia* aster]、高山紫菀、耳叶风铃草 [ear-leaf bellflower]、高山铁线莲、瑞香、蔓越莓、拖鞋兰等）
- **著名步道：**全长 80 千米，21 条乡间小路
- **气候条件：**高原大陆性气候
- **建议游玩时间：**5 月末至 10 月
- **有关规定和其他信息：**11 月至次年 5 月闭园

第50页 阿尔卑斯旱獭（高山土拨鼠）生活在高山牧场和亚高山草甸中。
它们在没有树木的土地上挖掘洞穴。
土拨鼠家庭由父母及幼崽组成，幼崽在大约三岁时独立生活。

第51页 公园位于特鲁普春谷和克卢奥扎谷（如图所示）。
后者位于采尔内茨东部几英里（1英里约等于1.609千米）处，其下部坡地
覆盖着瑞士松树，一直蔓延至三个山谷——迪亚维尔、萨萨和夸特瓦尔斯山谷。

瓦努瓦斯国家公园（Vanoise National Park）

法国

瓦努瓦斯国家公园最近收到了一份来自邻近的意大利大帕拉迪索国家公园的珍贵礼物：阿尔卑斯山羱羊，它们重新回了到这里，现在数量已达 1 800 头，成为法国最重要的动物群落。多方联合研究证实了阿尔卑斯山羱羊的跨界迁徙现象：夏季，一些从瓦莱达奥斯塔大区来的羱羊群会与它们在普拉里昂山谷的萨瓦表亲相会，到了冬季，这一群体则会迁移到意大利的奥尔科和雷姆山谷。作为回礼，瓦努瓦斯国家公园采取措施帮助欧亚猞猁从其境内森林向邻近公园的森林迁徙。虽然这个法国公园内的猞猁数量并不是很多，但是人们希望这些猞猁能够在最偏远的南部地区一直存活下去，并逐步扩张它们的栖息地。19 世纪中叶，这种欧洲最大的猫科动物在法国主要山区几乎消失殆尽，包括它们在格雷晏阿尔卑斯山的最后避难所——上阿尔克山谷。这是以下几个常见的原因造成的：除了狩猎之外，森林砍伐严重缩小了它们的猎物——野生有蹄类动物的栖息地。尽管森林仍然非常分散（成年猞猁的关键生存区有 200~300 平方千米），但是在东部山区，约有 150 只猞猁分别分布在三个山脉：孚日山脉（自 1983 年重新引入该物种）、汝拉山脉（这种食肉动物在这里数量最多，它们于 20 世纪 70 年代在瑞士重新定居后自发前往此地）以及瓦努瓦斯山脉，其中猞猁通过与汝拉山脉附近的“连接区”来到这里定居。

瓦努瓦斯公园整体海拔在 1 280 米及以上，拥有 107 座海拔超过 3 000 米的山峰，其中主要的是大卡斯山（海拔 3 855 米）。这座山脊将伊泽尔河流经的塔朗泰斯河北部山谷与同名河流横穿的南部阿尔克山谷（Arc Valley）分隔开来。公园为其成功保护动植物的“壮举”感到十分自豪。该公园的成立旨在保护被重新引入的北山羊，园内目前有约 20 对筑巢的金雕夫妇和 4 只胡兀鹫。20 世纪 80 年代末和 90 年代，一个国际项目将这些胡兀鹫重新引入此地，该项目于 1986 年首次在奥地利启动，胡兀鹫在此地繁殖的时间比在大帕拉迪索繁殖的时间早了约十年。2002 年 7 月，两只年轻的猛禽诞生了：一只是瓦勒迪泽尔的弗里里德（Freeride），是玛丽 – 安托瓦妮特（Marie-Antoinette）和共和国 3 号（两只都在奥地利动物园出生）的儿子；另一只是泰尔米尼翁的阿尔蓬特（Arpont），是吉拉斯（Gélas，在默康托尔山区放生）和斯泰尔维奥（Stelvio，它从意大利的国家公园自己飞过来后被取了这个名字）的儿子。如今，有 25 只秃鹫长期停留在瓦努瓦斯公园。更重要的是，高达 1 500 米的塔朗泰斯山脉是萨瓦省北部三趾啄木鸟唯一的筑巢地，它是法国最稀有、最容易被忽视的物种之一，只生活在萨瓦省、上萨瓦省和汝拉省，数量仅有 10~50 对。大帕拉迪索国家公园参与的合作项目于 1972 年开始实施，且力度不断加大。目前，项目的重点在于保护岩雷鸟，其生存受到全球变暖的威胁。法国第一个国家公园的成立无疑面临着许多问题。它在成立之初遭遇了许多反对的声音，这种声音最近又出现了。事实上，在 2015 年 9 月，占 1 465 平方千米的公园扩建区域的 29 个城镇中，有 27 个拒绝签署扩建协议，因为他们认为扩建会带来太多限制和障碍，导致滑雪道和度假胜地很难进一步发展。

第 52-53 页 大卡斯山峰［照片中是从普拉洛尼昂 – 拉瓦努瓦斯（Pralognan-la-Vanoise）眺望的视角］是这个公园的最高峰，由两座峰组成：大卡斯峰顶（Pointe de la Grande Casse），高达 3 855 米；马修斯峰顶（Pointe Mathews），高达 3 783 米。一条山谷将它们分隔开来，山谷西北侧是大冰川走廊（Les Grands Couloirs glacier）。

公园简介：

- **地理位置**：法国萨瓦省
- **交通信息**：从里昂出发（192 千米）；从都灵出发（109 千米）
- **占地面积**：52 900 公顷（公园核心地区）
- **建立时间**：1963 年
- **动物资源**：欧洲雪田鼠、岩羚羊（6 000 只）、白鼬、野兔、土拨鼠、灰狼、红狐、欧亚獾、欧洲松貂、鼬、棕色长耳蝙蝠、萨氏伏翼（Savi's pipistrelle bat）、125 种筑巢鸟类、黄条背蟾蜍、林蛙、高山蝾螈、奥地利方花蛇与长锦蛇、胎生蜥蜴、毒蝰（asp viper）
- **植物资源**：落叶松、山松、高山陆均松、瑞士松、苏格兰松、挪威云杉、山毛榉、银杉、山柳菊、金苔景天（goldmoss stonecrop）、石南、杜鹃花、细香葱、毛茛、黄花柳、绿桤木（green alder）、苔藓、地衣、苔草
- **著名步道**：全长 600 千米；GR5，GR55 线路，阿尔卑斯 1 号线路（Via alpina）
- **气候条件**：高原气候，低温
- **建议游玩时间**：全年

第 54 页 此地阿尔卑斯羱羊的种群数量受到长期监测。该物种数量在连续七年下降之后，于 2012 年开始增加。种群数量最多的阿尔卑斯山野山羊集中地包括佩塞（Peisey）、普拉里昂 – 萨西埃（Pariond–Sassière）和莫达讷（Modane）等地区，超过 300 只。

第 54-55 页 雌性羱羊的体形和角都比雄性小，雄性角最长可达 35 厘米，照片中是一只雌性羱羊和它的幼崽，雌性羱羊寿命超过 20 年，而雄性寿命为 14~16 年，所以雌性数量更多。

第 56-57 页 公园内分布着 180 多个山地湖，海拔高度均在 1 500 米以上，冬季被冰雪覆盖。它们是由冰川的扩张（和侵蚀）以及消退形成的。自 20 世纪 80 年代以来，冰川消退现象增加了，形成了大约 60 个大小不同的新湖泊。

公园简介：

- **地理位置：** 法国滨海山脉和上普罗旺斯阿尔卑斯（Upper Provence Alps）
- **交通信息：** 从巴斯洛内特（距迪涅莱班 80 千米）出发；或从唐德（距文蒂米利亚 55 千米）出发
- **占地面积：** 68 500 公顷
- **建立时间：** 1979 年
- **动物资源：** 25 种爬行动物和两栖动物，10 000 种昆虫，60 种哺乳动物［包括马鹿、岩羚羊、羱羊、狍、欧洲盘羊、狼、北方蝙蝠（northern bat）、红狐、野兔、白鼬等］，19 种蝙蝠，155 种鸟（包括胡兀鹫、金雕、黑琴鸡、岩雷鸟、高山红嘴山鸦、石鸡等）
- **植物资源：** 落叶松、圣栎、银杉、7 种松树、6 种刺柏、高山蒿草（genepì）、杜鹃花、云杉木、欧洲紫衫、紫菀属（*Berardia lanuginosa* aster）、头巾百合、高山紫菀、白阿福花（white asphodel）、无茎龙胆
- **著名步道：** 全长 600 千米；GR52 线路
- **气候条件：** 海洋性气候
- **建议游玩时间：** 全年

梅康图尔国家公园
（Mercantour National Park）
法国

梅康图尔国家公园地处高海拔地区，距地中海约 50 千米。公园里生长着橄榄树和高山植物，还生活着西红角鸮和“西伯利亚”鬼鸮等奇特的动物。尽管其面积有限，但由于地理位置和地形构造的多样化，这里生活着各种北欧、欧洲大陆和地中海地区的典型动物，如只生活在海拔 2 300 米北坡上的沙蜥，和广泛分布在南坡上，喜干旱和半干旱环境的蒙彼利埃蛇。同时，这种地理条件也孕育了种类繁多的植物，附近的阿真泰拉山丘（Argentera massif）也是如此，该山丘受意大利滨海阿尔卑斯自然公园（Maritime Alps Nature Park）的保护，梅康图尔国家公园正计划与该公园建立一个跨界保护区。滨海阿尔卑斯自然公园拥有约半数法国登记在册的物种，包括 200 个稀有物种和 40 个当地特有物种。这些重要的植物中，有古特有植物小花虎耳草（*Saxifraga florulenta*），它是冰川时期的幸存者，现在仅有极少数生存在山坡或峭壁上的天然凹陷处，也就是海拔超过 1 600 米的硅岩裂缝中。这种植物生长极其缓慢，像玫瑰花一样簇拥开花。公园里的兰花同样是这里极具特色和代表性的植物，几乎适应并占据了各种类型的环境（已经登记在册的种类数量有 63 种，几乎占法国兰花品种的一半）。

阿真泰拉－梅康图尔山脉的最高峰是杰拉斯顶峰（Cime du Gélas），海拔 3 143 米，山体核心部分由 3.5 亿年历史的片麻岩和花岗岩组成，外层包裹着较新的沉积物，如奇迹谷（Vallée des Merveilles）的砂岩和泥岩，山体一直延伸至贝戈山（Mt. Bégo）西侧。那些露出地面的碎屑岩不是很坚硬，但也不会轻易破碎。第四纪冰川的构造运动使它们变得十分光滑，并创造了大片表面为绿色或紫红色的岩石，上面有数千幅岩画或岩雕。据统计，在 40 平方千米的范围内，共有 5 万幅岩画或岩雕，其中大部分分布在奇迹谷和丰塔纳尔巴山谷（Fontanalba Valley），即贝戈山北侧。学者们认为，贝戈山是史前利古里亚人的圣山，所以这里才有数量惊人的岩雕，还流传着所谓的“巫师”等神话人物的传说。这些岩画位于海拔 2 000~2 600 米处，从 10 月、11 月至次年 6 月会被冰雪覆盖。岩画中超过三分之二都是史前遗迹，其中大部分是用石器雕刻的，其余的则是信史时期创作的涂鸦。总体而言，这些雕刻创作于新石器时代晚期（公元前 5000—前 4000 年）至青铜时代早期（公元前 2200—前 1800 年）。岩石上有交叉线勾画出的几何或椭圆形状，描绘的可能是最古老的有角动物（尤其是牛科动物）的围栏，还有其耕作的场景。在最新时期的雕刻中，武器（匕首和斧头）已非常普遍。然而，其中却没有可以追溯到铁器时代的岩画，这可能是当时的极寒气候造成的。

第 58-59 页 维斯科维山是（Rocca dei Tre Vescovi，海拔 2 867 米）隶属于梅康图尔和意大利滨海阿尔卑斯自然公园的分界山体。图片展示了覆盖在蒂内谷（de la Tinée）上的“棉花球”，这些“棉花球”是羊胡子草（*Eriophorum Scheuchzeri*）开的花。

第 59 页 阿尔卑斯－科尔马地区（Colmars-les-Alpes area）海拔超过 1 300 米，20 米高的朗斯瀑布（Lance Cascade）倾泻而下，红翅旋壁雀在岩石壁上捕食昆虫，景色秀丽宜人，一条蜿蜒小路穿过落叶松、白杨、桦树、榛子和挪威云杉林通往此地。

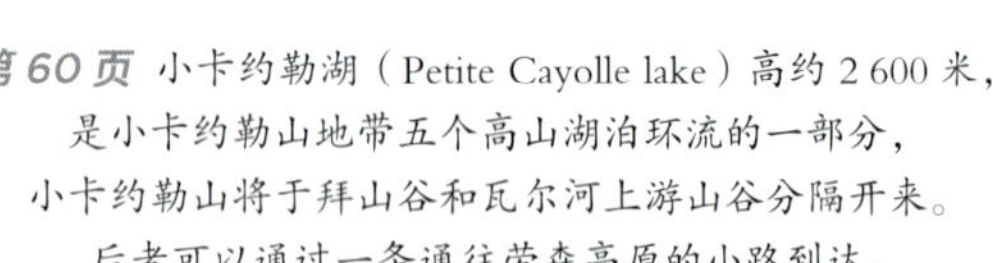

第 60 页 小卡约勒湖（Petite Cayolle lake）高约 2 600 米，是小卡约勒山地带五个高山湖泊环流的一部分，小卡约勒山将于拜山谷和瓦尔河上游山谷分隔开来。后者可以通过一条通往劳森高原的小路到达。

第 60-61 页 奇迹谷有数以千计的岩画，其中一些刻有纵横交错的线条，代表灌溉运河和闪电。尽管荒凉的贝戈山顶饱受暴风雨侵袭，在远古时期荒无人烟，但也一度是人们朝圣之地。

大帕拉迪索国家公园（Gran Paradiso National Park）

意大利

尽管阿尔卑斯山羱羊以一个个独立且分散的群体生活，但每个种群的羱羊数量都是从大约100只不断减少到现在的局面，它们生活在大帕拉迪索山最偏远、最与世隔绝的山坡上，这个避难所使羱羊免遭灭绝。自16世纪火药传入欧洲以来，狩猎猖獗，阿尔卑斯山羱羊一直深受其害。它们因为弯曲的、脊状的角而惨遭杀戮，其羊角长约0.9米，是猎人华丽的战利品，也被用来制作“神药”或壮阳药；有的人是为了吃它的肉而对其进行捕杀，特别是在饥荒时期；还有一些人将其血液、胃中未消化的食物甚至粪便用作治疗各种疾病的药物。其实，在19世纪早期，人们以为没有一只羱羊能从这场屠杀中幸存下来，直到发现了上文提到的曾经“丢失的殖民地”——当地唯一一块海拔超过4 000米高的山丘，整个区域都在意大利境内，这块山丘由第四纪冰川运动（雕刻出许多坑洞和岩圈）塑造而成，现在那里还有59座常年冰川，但正在以肉眼可见的速度融化。这是唯一一个羱羊长期居住的地方。在发现“幸存者”后，有关部门立即禁止了该地区的狩猎活动，但有一个例外：萨伏伊国王卡洛·费利切（Carlo Felice）想为自己和他的客人保留来此地猎杀这种极其稀有动物的特权。从1856年皇家保护区建立到1922年意大利第一个国家公园建立，谁都无法剥夺国王的这种乐趣，即使是羱羊的天敌，如熊、狼和山猫，在当地也已经销声匿迹。以腐肉为食的胡兀鹫也不能幸免，最后一只胡兀鹫于1913年在雷姆山谷（Val di Rhêmes）被射杀。一百年后，一只小秃鹫又诞生在这座山谷，这是一对自发来到此地定居的秃鹫夫妇的孩子，然而，第一只公园秃鹫于2011年就已经在瓦尔萨瓦兰凯山谷（Valsavarenche）出生。

此外，六七只狼也会回到公园四处溜达，但目前还没有证据表明山猫在此地经常出现。至于熊，完全没有理由希望它们重返公园。但说回羱羊，根据上一次普查（2011年），数量有2 629只，这是阿尔卑斯山上最大的羱羊种群，但数量仅略高于1993年的二分之一，当时记录有近5 000头。这次数量骤降的原因与以往有些不同，考虑到气候变化导致降雪量减少，羱羊数量的下降一定程度上可以归因于人类。不那么严寒的冬天会让成年羱羊更容易存活下来，因此成年羱羊的死亡数量会减少。但由于春天提前到来，而幼崽在6月下旬出生，当时植被质量已经下降，反而增加了年轻羱羊的死亡率。此外，动物的出生和植物物候现象不再同步，再加上羱羊与岩羚羊不对等的食物竞争，岩羚羊已经过度地“殖民”了这片领土（其种群数量现已超过8 000头），这是另一个让羱羊生存困难的因素。

第62页 阿尔卑斯山羱羊生活在高海拔草原和岩石壁上，大范围分布在公园各处，但夏季集中活动在科涅山谷和瓦尔萨瓦兰凯山谷，而很少出现在海拔较低的索阿纳山谷和奥科山谷。

第64-65页 瓦尔萨瓦兰凯山谷从大帕拉迪索山脉开始延伸。一条雄伟壮观的山脉将它与科涅谷（Val di Cogne）东部隔开，包括赫贝特峰（Herbetét，高3 778米）和格里沃拉峰（Grivola，高3 969米）。雷姆山谷西部山脉海拔较低：图勃朗山和拜欧拉山（Bioula）海拔分为3 438和3 414米。

公园简介：

- **地理位置**：意大利瓦莱达奥斯塔大区和皮埃蒙特大区
- **交通信息**：从奥斯塔出发（15千米）；或从伊夫雷亚出发（45千米）
- **占地面积**：71 043公顷
- **建立时间**：1922年
- **动物资源**：金雕（27对）、土拨鼠、岩雷鸟、雀鹰、野兔、褐鳟、红点鲑、水蚤（*Daphnia middendorffiana*，一种罕见的浮游甲壳类动物，生活在四个高海拔湖泊中）
- **植物资源**：落叶松、山杨、榛树、山槭（mountain maple）、栗树、椤树、山毛榉、花楸、瑞士松、银杉、云杉、杜鹃花、冰川毛茛、雪绒花、蒿、头巾百合、乌头花（monk's hood）
- **著名步道**：全长超过500千米
- **气候条件**：高原气候
- **建议游玩时间**：全年

第 66 页 “投机取巧”的红狐（*Vulpe Volpe*）在公园里的活动范围很广泛。研究表明，它在夏季和冬末会以被遗弃的岩羚羊和糠羊幼崽，以及夭折和饥饿而亡的动物尸体为食。

第 67 页 岩羚羊（Rupicapra Rupicapra）聚集在幽深的坎皮利亚、诺阿舍塔·恰莫塞雷托（Noaschetta-Ciamoseretto）、索尔特（Sort）、列维奥纳兹（Levionaz）和瓦农泰（Valnontey）山谷或峡谷。它们生活在中、高海拔山区，那里山坡陡峭，多岩石。雄性和雌性岩羚羊都长有弯曲的角。

十六湖国家公园
(Plitvice Lakes National Park)
克罗地亚

大约 400 年来，科济亚克湖（Lake Kozjak）一直是十六湖国家公园上湖区 12 个湖泊中最大的一个。两个独立盆地合并后，它成为此地第一大湖泊，但谁都无法确定它是否能够保持这个“第一”，也不知道能保持多久。迪纳拉山脉特殊的喀斯特地貌区由于其自身特质，不断地变换自身形态，小型“石匠”一点一点耐心地建造起石灰华屏障，从而创造了此地特殊的地貌形态。这些“石匠”便是蓝藻、硅藻和原生动物，它们附着在石头上，使水呈现出绿松石的色彩，当其身上覆盖着苔藓时，颜色尤为明显。因为该地区大部分岩石是中生代的石灰岩，所以含有大量碳酸钙，水中大量碳酸钙沉淀形成方解石微晶体，沉积后继续累积沉淀，逐渐形成屏障，最终变成堤坝，这些堤坝又形成上湖区湖泊，湖泊底部都是不透水的白云石。

如今的堤坝于 7000 年前~6000 年前，也就是最后一个冰川时代的末期开始成形。目前是科济亚克湖边缘的堤坝，在大约 400 年前，扩张速度比面积第二小湖边缘堤坝更快，在第二小湖处，40 米高的瀑布从上游盆地泻入下游盆地。后来水位大幅度上升，将瀑布淹没，形成了深达 46 米更大面积的独立水域，湖水中央是一座长 275 米的椭圆形岛屿：斯特凡尼亚（Štefanija），它也是由三叠纪白云石构成，岛上覆盖着山毛榉和榛树。因此，长达 8 千米的十六湖系统（又称普利特维采湖群）总体上是一系列由水坝隔开的梯田湖泊组成的：上湖区有 12 个湖泊，海拔最高的湖泊高达 636 米，与海拔最低的湖泊之间相差约 100 米；下湖区有 4 个湖泊，水量较少，与其他湖泊不同，它们由石灰岩构成，湖底是点缀着钟乳石和石笋的洞顶。所有的湖泊都是由地表或地下径流常年或季节性供水，湖泊之间纵横交错，相互联结；水流将石灰华屏障侵蚀出一个洞口，由此流入下一个盆地继续蜿蜒前行。简而言之，它就像一条沿着阶梯状峡谷流动的河流，以瀑布的形式从幽深的峡谷中倾泻而出，以便在更“平平无奇”的峡谷中继续流淌，形成科拉纳河（Korana River）。

然而，这一使十六湖国家公园闻名遐迩的壮丽景观只占据了公园的一小部分，直线距离 60 千米之外是亚得里亚海，这里受海洋性气候和大陆性气候的双重影响，孕育了公园里不少于 1 267 个孑遗种以及特有和稀有植物物种，它们属于 112 个不同的科，集中生长在一个相对较小的区域。

第 68 页 十六湖网络的水源由马蒂察河（Matica River）供给，这条河发源于白河（Bijela rijeka）和黑河（Crna rijeka）交汇处，在峡谷中形成了普罗切湖（Prošće），它是公园里海拔最高的湖，海拔 636 米，也是公园中第二大湖。

第 68-69 页 图中为上湖区的大普斯塔夫瀑布（Veliki Prštavci），高度超过 20 米，将水从海拔 583 米的加罗瓦克湖（Lake Galovac，最深处达 24 米），输送到海拔 30 米的格拉丁湖（Lake Gradinsko）。

公园简介

- **地理位置**：克罗地亚利卡－塞尼县，卡尔洛瓦茨县
- **交通信息**：从卡尔洛瓦茨出发（76 千米）
- **占地面积**：33 000 公顷
- **建立时间**：1979 年
- **动物资源**：70 种哺乳动物（包括棕熊、狼、猞猁、水獭、狍、鹿、20 种蝙蝠等），150 多种鸟类（包括长耳鸮、鸐形目、白喉河乌等）以及 321 种蝴蝶
- **植物资源**：冷杉、柳树、冬青、铁木（hop hornbeam）、欧洲鹅耳枥、苏格兰松、挪威云杉、石南、秋沼草（autumn moor grass）、蓝花参、毛茛（buttercup, *Ranunculus scutatu*）、紫水晶草甸海葱（amethyst meadow squil）、翠雀飞燕草（Siberian rocket）、圆叶茅膏菜、捕虫堇、细叶狸藻
- **著名步道**：上湖区、下湖区、普利特维卡支流（Plitvica torrent）、苏普利亚拉洞穴（Supliara cave）、科尔科瓦乌瓦拉森林（Corkova Uvala forest）
- **气候条件**：温带气候
- **建议游玩时间**：5—6 月（公园全年开放）

有关规定和其他信息：最大的保护区域（包括普罗切湖左岸）不对游客开放

第 70-71 页 萨斯塔夫奇瀑布（照片左侧）位于这个湖系的末端。在普利特维采湍流的作用下，大瀑布（Veliki Slap cascade，照片顶部）从 72 米高处倾泻而下，蔚为壮观，形成了在峡谷中流动的科拉纳河。

第 71 页 上 加罗瓦克北克瀑布（Galovački Buk cascade）在冬天结冰。这片湖水从加罗瓦克湖流入米利尼·杰泽尔湖（Lake Milini Jezer，海平面以上 564 米），由此过渡到格拉丁湖，湖水面积 1 公顷，深度仅约 0.9 米。

第 71 页 下 欧洲水獭（*Lutra Lutra*）在克罗地亚属于濒危物种，因此受到严格保护。除交配季节外，这种独居的鼬科动物以鱼、甲壳类动物和两栖动物为食。

公园简介

- **地理位置：** 西班牙加那利群岛，兰萨罗特岛
- **交通信息：** 从亚伊萨出发（Yaiza，5 千米）
- **占地面积：** 5 107 公顷
- **建立时间：** 1974 年
- **动物资源：** 数量庞大的鸟类（包括金丝雀等，这座岛屿因此得名；这些野生鸟类数量有达 90 000 对），穴兔（common rabbit）、大西洋蜥、黑鼠
- **植物资源：** 凤仙大戟（*Euphorbia balsamifera*）、拟石莲属植物（*E. atropurpurea*）、大戟属植物（*E. regis-jubae*）
- **著名步道：** 特雷梅萨纳步道（*Ruta tremesana*）、海岸步道
- **建议游玩时间：** 全年
- **有关规定和其他信息：** 游客必须跟随导游，乘坐巴士沿火山游览，禁止自行在公园内走动

蒂曼法亚国家公园
（Timanfaya National Park）
西班牙·加那利群岛

“9月1日晚上9点至10点，蒂曼法亚附近的地面突然裂开。那天晚上，一座巨大的山体从地心隆起，山顶喷出火焰，熊熊燃烧了19天……9月11日，火山喷发比之前更加猛烈，熔岩流出，以摧枯拉朽之势向大海进发，震耳欲聋，沿途的一切都被摧毁，海面上漂浮着大量死鱼。”10月18日，“一团浓烟笼罩着整个岛屿，矿渣、沙子和灰烬像雨水一般在四周撒落。”这是1730年许多人亲眼看见的场景，改变了属于加那利群岛的兰萨罗特岛四分之一的地形面貌。其中一位目击者是唐·安德烈斯·洛伦索·库尔韦洛（Don Andrés Lorenzo Curbelo），他对1730年9月1日开始的火山喷发到结束进行了完整地记录，整个过程持续了6年。据地质学家和地震学家估计，在这段时间里，火山喷发仅在“第一阶段”就喷出了1万亿立方米的熔岩。一个世纪后，即1824年7月31日，陶氏火山（Tao）喷发，紧随其后的是努埃沃－富埃戈火山（Nuevo del Fuego）和廷加通火山（Tinguatón），同年10月25日，火山活动停止。

从那时起，活跃于18世纪的火之山（Montañas del Fuego）就一直沉寂。蒂曼法亚国家公园唯一的“二期”火山——努埃沃－富埃戈火山也处于休眠状态。但地表下的熔岩绝不会停止沸腾。地下约10米处是岩浆室，温度为400~600摄氏度。公园内包含了不到三分之一的火山面积，却是其中最重要的部分：仅在几平方千米（1英里约等于1.609千米）的范围内，就可以看到超过25个最活跃的火山口（其余的火山口位于邻近的自然火山公园）。黑土让这里看起来像一片死寂的荒地，但实际上这里是一个正在复苏的世界。举目之处都是地衣的鲜艳色彩，这些地衣已经占领了熔岩场（占保护区面积的70%）和火山锥的侧面。新熔岩流包裹着较古老的熔岩岛，形成熔岩原孤丘，上面长满了逐渐进化而来的绿色植被。该植物群落种有西班牙群岛和邻近的摩洛哥南部海岸线的典型植物，这些植物统称为吊灯花（tabaibal），包括能够适应低湿度和高温的物种：加那利群岛仙人掌（类似于青铜龙仙人掌，但有几个肉质树干）、加那利群岛龙血树（具有典型的“伞”状外观和树脂，氧化时呈现出微红的颜色，称为“龙血”），以及天龙（Verode，一种高度可达3米的植物，其肉质分支呈圆形生长，顶部是一簇簇落叶披针形叶子）。沿着海岸，因海水侵蚀而变光滑的黑色海滩和熔岩悬崖是少数耐盐物种和大型鸟类的家园。在北大西洋环流系统中加纳利寒流的作用下，这里气候虽然干燥但十分凉爽。这使得海洋底栖动植物品种十分丰富（该公园登记在册的海洋植物有105种，相当于该群岛所有植物种类的五分之一）。

第72-73页 沿着火之山（Montañas del Fuego）上一条公园东段环形路线可以到达火山小径（火山路线）。拉哈达山（Rajada，图片左侧）上有一个瞭望台，视野开阔，从那里可以俯瞰一直延伸到海岸线的熔岩景观。

第73页 水穿透裂缝会形成间歇泉。但无论在哪个季节，这里几乎从不下雨，地表和地下都没有沼泽或溪流。因此，该地区没有经受太多侵蚀，保持了冰冻状态。

非洲

维龙加国家公园（Virunga National Park）

刚果民主共和国

近期人类发展历史完全颠覆了基伍地区，在过去20年里也极大地影响了鲁根多（Rugendo）家族。鲁根多指一种山地大猩猩，以一只雄壮银背大猩猩的名字命名，该大猩猩在1997年统领着18只大猩猩。从那时起，这个家族就再也没有达到如此庞大的规模。其实，仅在一年后，这一数字就减少到了原来的一半。鲁根多的儿子汗巴（Humba）带它的配偶和幼崽一起离开了族群。大猩猩有着自己的生存法则：汗巴也是一只雄性首领，也就是说，一只银背大猩猩（因其13岁左右时背部呈银色而得名）必须维护自己的统治地位。2001年，这个家族卷入了胡图族和图西族之间的冲突，鲁根多在距离公园边界约40千米处被杀害，家族领导权随后由森克奎（Senkekwe）接管，但后来它遭受了同样的命运。2007年，这些大猩猩历尽艰难险阻，数量增加到了12只，但后来它们在一次伏击中被困，其中有6只大猩猩——森克奎，4只成年雌性和一只年轻的大猩猩在此次伏击中丧生，这场屠杀是人为制造的。

这些大猩猩的肉可供人类食用，因而遭到猎杀，它们还被当作纪念品和战利品，在一些国家颇受欢迎，例如，它们的手掌被用作烟灰缸。此外，猎杀大猩猩也可以作为一项野外运动，目的是将领土从护林员的控制中“解放”出来，如果没有大猩猩，也就没有所谓的公园了。更糟糕的是，大规模砍伐森林导致大猩猩的栖息地不断缩小。时至今日，以布奇玛（Bukima）为首的鲁根多家族有8名成员，它们仍然面临着几个“人类造成的问题”和一个严重的“大猩猩内部问题”：相互竞争的成年雄性大猩猩有很多，但都缺乏主动性，不会吸引其他家族的雌性，而适龄生育的雌性又太少。但亚尼娅（Janja）在2014年顺利生下了一名雄性幼崽。此外，卢布图（Lubutu）的孤儿——年轻雄性猩猩马斯塔基（Mastaki）也正健康茁壮地成长。

有六个大猩猩家族经常在休眠火山米凯诺山坡上的茂密森林里活动，它们的生存状况受到密切监控，鲁根多家族便是其中之一。大约200只山地大猩猩生活在维龙加火山群中，约占刚果、卢旺达和乌干达交界地区大猩猩数量的一半，而这一地区大猩猩的总数又占世界上山地大猩猩种群数量的一半（另一半生活在乌干达）。但大型灵长类动物不仅有山地大猩猩，东部黑猩猩和东部低地大猩猩在这里也有自己的生态位，维龙加国家公园也因此成为世界上人科（生物分类单位）动物数量最多的国家公

第74页 巨型蠹吾（giant groundsels，千里木属）是东非赤道附近十个地块中海拔最高地区（包括鲁文佐里山）的本土特有物种。它们巨大的花序生长在肉质叶子花瓶状的顶端，即使环境干燥，叶子也不会从树干上脱落。

第74-75页 奇鼻变色龙（strange-nosed chameleon, *Kinyongia xenorhina*）只生活在鲁文佐里山的雨林中，属于濒危物种。它是该属中体形最大的成员之一，长约28厘米，长着锋利的牙齿和长长的爪子。

园。但是，灵长类动物绝不是这里的唯一“居民”。公园中央的稀树草原上，动物密度十分惊人，此地主要有爱德华湖和一些河流，2 万只河马生活在这些河流中。此外，一种非常稀有的有蹄类动物——獾狮狓，也生活在这里，它的爪子上长有黑白条纹，有点像斑马，但由于脖子很长，更像是长颈鹿。北部地区海拔显著上升，高度达到 5 109 米，其中斯坦利山玛格丽塔峰，是地形崎岖、冰雪覆盖的鲁文佐里山脉最高峰，也是非洲第三高峰。

公园简介

- **地理位置**：刚果（金）基伍地区
- **交通信息**：从戈马或吉塞尼出发（距卢旺达基加利车程 3 小时）
- **占地面积**：780 000 公顷
- **建立时间**：1925 年
- **动物资源**：218 种哺乳动物（其中包括 22 种灵长目动物），706 种鸟类，109 种爬行动物，78 种两栖动物，50 种生活在爱德华多湖（Edoardo）的鱼类
- **植物资源**：2 000 种，其中有 10% 是生长在艾伯丁裂谷（Albertine Rift）沿线的地方性特有物种，柚木、柿科植物、加蓬榄（*okoumé*）和伊罗科树（*iroko*），两者都是非常珍贵的木材；非洲高山植被（树蕨、半边莲）
- **著名步道**：山地大猩猩徒步路线、哈布徒步线路（Habutuation）、尼拉贡戈火山徒步路线、鲁文佐里山徒步路线、切格拉岛（Tchegera Island）
- **气候条件**：热带稀树草原气候
- **建议游玩时间**：全年
- **有关规定和其他信息**：该地区处于战区，有时会出于安全因素关闭；严禁独自旅行

第 76 页 山地大猩猩的手和脚能牢牢抓住树干；乌黑的皮毛又厚又长，但随着年龄的增长，它的背部会逐渐变成银色。它们睡在树叶搭建的“铺盖”上；雌性和幼崽睡在离地面较近的树枝上，雄性大猩猩则睡在地上。

第 77 页 上 大猩猩的后腿比前腿短，行走时通常四肢并用，但也可以仅用两条腿行走或奔跑很短一段距离。雄性大猩猩身高可达 1.7 米，胸部无毛发。

第 77 页 下 一只成年大猩猩每天可摄入多达 30 千克的食物，其中素食包括浆果、植物根、种子、水果、叶子甚至树皮。吃太多竹子会让它们有些陶醉。

第 78 页 基马努拉（Kimanura）是尼亚穆拉吉拉火山的一个锥体，是维龙加最活跃的“喷火之山”，自 19 世纪末以来至少喷发过 40 次。该山脉由八座火山组成（其中七座位于维龙加国家公园内），其中最高的是休眠火山卡里辛比山，海拔 4 507 米。

第 79 页 2012 年，尼亚穆拉吉拉火山喷出了流动性极大的碱性熔岩，再加上尼拉贡戈火山，非洲五分之二的历史性喷发都发生在这两座山上。尼拉贡戈火山中央火山口形成了永久性熔岩流区域，这是火山活动的一个典型现象。

塞伦盖蒂国家公园
（Serengeti National Park）
坦桑尼亚

塞伦盖蒂平原，有着300万公顷的大草原、稀树草原和树林，位于坦桑尼亚（80%）和肯尼亚。在这里，有一个庞大的“迁徙者”群体，它们的迁徙路线是一个周长2 000~3 000千米的圆圈，一般沿顺时针行进，周而复始。虽然每次迁徙路线相同，但每次都是不一样的风景。迁徙的时间长达一年，需要从南部迁移到北部，反之亦然。这个“旅行”队伍由100多万只角马组成，并由大约20万只斑马和40万只葛氏瞪羚（Grant's gazelles）“护送”。这种漫长而艰难的大规模迁徙，在整个地球上都无与伦比，这里没有人类的干扰，受到了完整的保护，这得益于三个开放并相互连接的公园：恩戈罗恩戈罗自然保护区（其西北部几乎没有角马穿过）、塞伦盖蒂国家公园（大部分迁徙路线都位于此）和马赛马拉国家公园（有30 000公顷在肯尼亚境内）。自2010年以来，人们一直在考虑一个建筑项目，即铺设一条主干道，连接维多利亚湖畔的穆索（Muzoma）和阿鲁沙区，从而将这片平原一分为二。这将极大地便利内陆和海洋之间的货物运输，但对于动物来说，这却是一个不可逾越的障碍，它们将无法到达马拉河和河岸另一侧的清凉牧场。

这些有蹄类动物继续进行着它们一年一度的迁徙，并未察觉到这些宏伟的计划。4月下旬，陆地变得十分干旱，角马和其他动物会离开南部地区，迁徙队伍长达40千米，场面十分震撼，浩浩荡荡的队伍蜿蜒穿过平原，一路同行的还有虎视眈眈的狮子、鬣狗、猎豹以及在高处等待“残羹剩饭”的秃鹰。5—6月，角马群向西北方向行进，进入公园内的狭长地区，几乎延伸到维多利亚湖水域。而后，它们继续前行，直到7—8月，它们必须面对这段旅程中最艰难的部分：横渡马拉河。由于4月至6月的暴雨，马拉河已涨满水，到处都潜伏着饥肠辘辘的鳄鱼和脾气暴躁的河马。它们在岸边停了下来，仿佛在思考，自己必须鼓足勇气，一头扎进河里，以最快的速度游向对岸。领头角马必须给其他角马带路，成年角马必须用自己的身体护住小角马。成功横穿这条河流后，整个角马队伍都松了一口气，它们最终会到达北部的绿色牧场，就在肯尼亚。这就是它们苦苦追寻，历尽艰难险阻才到达的目的地，它们会在9—10月花几个星期的时间在此地大快朵颐并交配、繁衍后代。这里的土壤能为雌性提供哺乳期间必不可少的磷元素。11月，兽群再次越过马拉河向南行进，此时南部已经开始下淅淅沥沥的小雨，并将持续整个12月，植物在这期间茁壮成长。这些动物从1月到3月都将留在此地，享用这里丰富的植物。每一次大迁徙都有25万只动物命丧途中，但当2—3月迁徙结束时，又将有50万只幼崽出生。在出生后很短的一段时间内，年轻角马就能和它们的父母跑得一样快了，速度高达每小时80千米，在只有一个月大的时候，小角马就要准备开始它们生命中第一次伟大的迁徙之路。

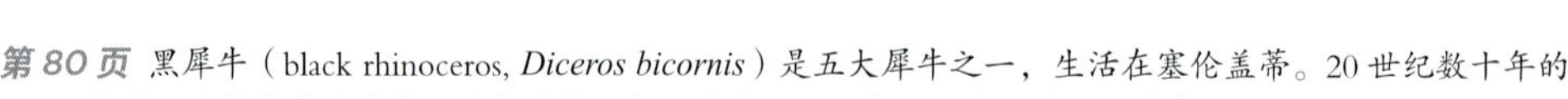
第80页 黑犀牛（black rhinoceros, *Diceros bicornis*）是五大犀牛之一，生活在塞伦盖蒂。20世纪数十年的偷猎让这个物种险些在公园中绝迹。幸运的是，一项在平原重新引入黑犀牛的计划取得了成功。

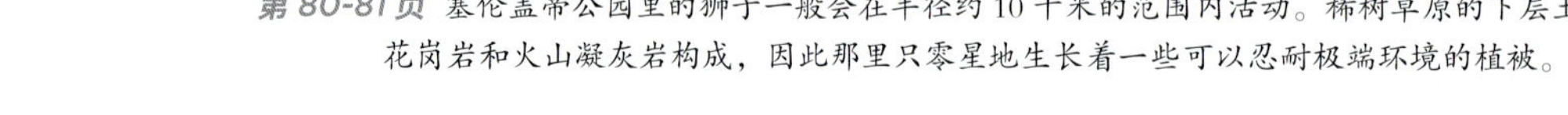
第80-81页 塞伦盖蒂公园里的狮子一般会在半径约10千米的范围内活动。稀树草原的下层土主要由花岗岩和火山凝灰岩构成，因此那里只零星地生长着一些可以忍耐极端环境的植被。

公园简介

- **地理位置**：坦桑尼亚玛拉生态区（Mara）和锡米尤区
- **交通信息**：从阿鲁沙出发（约 335 千米）
- **占地面积**：1 476 300 公顷
- **建立时间**：1951 年
- **动物资源**：大象、狮子、豹、犀牛、水牛、大婴猴（greater bushbaby）、非洲绿猴、狒狒、象鼩、麝猫（genet）、斑点鬣狗、条纹鬣狗、猎豹、大耳狐、黑背豺、非洲狼、非洲野犬、疣猪、长颈鹿、眼镜蛇、东部绿曼巴蛇、黑曼巴蛇、鸵鸟、秃鹳；500 种鸟类
- **植物资源**：马唐草（crabgrass, *Digitaria macroblephara*）、香肠树、锐叶木兰、佟氏榕（*Ficus thonningii* fig）、野枣椰（wild date palm）、窄叶南洋杉、非洲没药、金鸡纳树、平顶金合欢（umbrella thorn acacia）、哨刺金合欢（whistling thorn）、埃及香脂树（Egyptian balsam tree）、牙刷树、袋鼠草（kangaroo grass）、鼠尾粟属（*Sporobolus ioclados*、*Sporobolus festivus*）的两个种
- **气候条件**：热带稀树草原气候
- **建议游玩时间**：全年

第 82-83 页 母狮和幼崽正在树荫下休息。公园北部降雨量较多，廊道林和稀树草原植被生长旺盛，这里的树木主要是金合欢树和荆棘灌木。

第 83 页 一只年轻的猎豹在大草原上观察一小群大象。它是猎豹属（*Acinonyx*）中唯一的成员，这个学名能反映出这种生物的一个特征：成年猎豹的爪子无法自如伸缩。

第 84-85 页 角马群正穿越坦桑尼亚和肯尼亚交界处的马拉河。水中密密麻麻的鳄鱼早在角马们到河边之前就听到了数百万蹄子发出的声音。

第 85 页 团结就是力量：斑纹角马（以及和它们同行的千千万万其他有蹄类动物）的大规模迁徙能有效抵御捕食者的侵扰，因此，所有的雌性角马也都将在同一时间分娩。

公园简介

- **地理位置**：坦桑尼亚阿鲁沙
- **交通信息**：从阿鲁沙出发（约150千米）
- **占地面积**：829 200公顷
- **建立时间**：1959年
- **动物资源**：非洲金猫、山苇羚、大角斑羚、鹰、秃鹫、秃鹰
- **植物资源**：旱生与半旱生植物群落
- **气候条件**：热带稀树草原气候，地处暖温带
- **建议游玩时间**：6月至10月（但4—5月公园游客较少，园区内不拥挤）

恩戈罗恩戈罗自然保护区
（Ngorongoro Conservation Area）
坦桑尼亚

所有的狮子表面看起来似乎都一样，但事实并非如此。地球上5万只狮子的起源可以追溯到更新世，它们其实属于不同的亚种，这些亚种又因为各自不同的特征被分成不同分支，这些特征源于其不同的栖息地环境。其中，最小的狮子群体生活在恩戈罗恩戈罗保护区，大约有60只，集中生活在约260平方千米的范围内，种群密度之大在整个非洲都无可匹敌。恩戈罗恩戈罗狮子生活的地方一年四季都有丰富的猎物，每天都可以大快朵颐，它们的猎物也集中活动在这260平方千米大的地方。生活在此地的大型动物多达25 000只，其中包括狮子的竞争对手（鬣狗、胡狼、猎豹、灰狼），还有那些体形太大，狮子无法捕食的动物（大象、河马和26只黑犀牛），以及不能当作食物的鸵鸟。但同时，这里也有成千上万的斑马、角马、水牛、汤普森瞪羚和葛氏瞪羚可供狮子享用。除了长颈鹿，所有动物都生活在恩戈罗火山的天然围场中，即一个边界600米高的破火山口。火山口内有着沼泽、河流和湖泊，水源充足。根据成本效益分析，当地的食草动物留在这一地区对自身生存非常有利，因而这里也适合食肉动物生存。然而对于“外来者”来说，进入这个火山口却十分困难和危险，因为本地的猫科动物可以轻而易举地守卫这一地区，阻止竞争对手的入侵（入侵者不仅是为了食物）。因此，属于马赛狮亚种的恩戈罗恩戈罗狮，包括它在毗邻的塞伦盖蒂公园同属于马赛亚种的表亲，过着几乎完全与世隔绝的生活，只能彼此之间进行近亲交配繁殖。由于种群数量少，一些基因遗产没能很好地保留下来。近亲交配繁殖的影响之一是免疫系统的削弱。因此，这一群体容易患上致命性疾病。1962年，干旱导致吸血昆虫数量激增，狮子们疯狂抓挠皮肤，造成的伤口无法愈合，当时住在火山口的70头狮子中只有10头幸存下来，其中9头是雌性，1头是雄性。而这头雄性狮子无力保卫自己的领地，所以不得不接受7只外来雄狮。但这种“新鲜血液”的注入使当地狮子受益良多。然而，随后又有三种致命疾病泛滥，导致种群数量大幅度减少，并呈周期性下降，从70头减少至20头，直到其他地区的狮子来到此地，种群数量才逐渐恢复。

恩戈罗恩戈罗的确是一块非凡之地。它是世界上最大的完整破火山口，位于海拔2 200米的高原上，300万年前，一座如乞力马扎罗山一般巍峨的火山喷发，导致火山顶坍塌，形成了这个火山口。火山口底部是平坦的草原，稀疏生长着一片片金合欢树，碱性马加迪湖也位于此地，大量在这里觅食的火烈鸟将湖畔渲染成粉红色。火山口壁陡峭的斜坡上则生长着森林，森林中居住着狒狒和豹子。除了恩戈罗恩戈罗火山口外，园区内还有另外两个火山口，即奥莫特火山口（Olmeti）（内有瀑布），以及安帕克火山口（内有深湖）。该保护区在1959年独立之前一直属于塞伦盖蒂国家公园。保护区内有广阔的平原，一直延伸到肯尼亚，平原南部位于保护区内，堪称“文明的摇篮”。在来托利（Laetoli），考古学家发掘出了约360万年前的阿法南方古猿的化石印迹，属于早年间发现的古猿露西的亲戚。在奥杜瓦伊（Olduvai Gorge）峡谷，发现了四种不同大小的头盖骨，证实了人类进化论，其中包括首次发现的175万年前的南方古猿鲍氏种。

第86-87页 粉红色的火烈鸟聚集在马加迪湖（又称马塔克湖，马塔克在马赛语中意为“盐”），斑马和角马悠闲路过湖畔。丰沛的雨水在火山口内形成了天然池塘和几条溪流，如拉亚奈（Layana）和蒙杰（Munge）。

第88-89页 暴风雨过后，猎豹妈妈和小猎豹们正甩干自己身上的雨水。雌性猎豹通常独居，雄性则在两到三只猎豹组成的小团体中生活，团体内成员通常来自同一个家庭。猎豹在白天捕食。

公园简介

- **地理位置**：津巴布韦北马塔贝莱兰省；莫西奥图尼亚国家公园；赞比亚南部省
- **交通信息**：从津巴布韦万盖出发（约 105 千米）或从赞比亚利文斯敦出发
- **占地面积**：2 340 公顷（津巴布韦）；6 600 公顷（赞比亚）
- **建立时间**：1952 年（津巴布韦），1979 年，赞比西下游国家公园从维多利亚瀑布公园中分离出来；1972 年（赞比亚）
- **动物资源**：豚尾狒狒、绿猴、宽尾獴、非洲疣猪、犀鸟、沙氏蕉鹃（Schalow's tauraco）、蓝顶蓝饰雀，瀑布上游有鱼类 89 种，下游有 39 种
- **植物资源**：树木：几内亚蒲桃、心叶喜林芋（*S. cordatum*）、禾本科高粱属植物、红牛乳木、野枣椰、4 种大无花果树、非洲乌木、非洲橄榄；开花植物：网球花（*Haemanthus filiflorus* 和 *H. multiflorus firebal*）、野生龙胆（wild gentian）、兰花、火焰百合；蕨类植物、藤本植物
- **气候条件**：半干旱气候，温度高
- **建议游玩时间**：4 月至 9 月

维多利亚瀑布国家公园（Victoria Falls National Park）

津巴布韦

白色的月虹是很罕见的自然现象，只有满月且天气很好的时候才能看到，此外，大气中还需要有大量的云雨滴来驱散地球发出的微光。世界上只有少数几个地方能经常看到这种现象，维多利亚瀑布便是其中之一。瀑布宽约550米，从108米的高度倾泻而下，声如雷鸣，溅起的浪花高达500米，当地居民将其称为“莫西奥图尼亚”（Mosi-oa-Tunya），意为“轰隆作响的烟雾”。这个壮观的瀑布群位于津巴布韦和赞比亚接壤处的赞比西河，由五段瀑布组成，其中四段位于津巴布韦。有一段被称为“魔鬼瀑布”，因附近岛屿上举行过祭祀仪式而得名，第一批传教士认为这是魔鬼的杰作；“主瀑布”是最宏伟壮观的一段瀑布，它为高原另一面茂密的森林提供了水分；“马蹄瀑布”水量最少，在10月至11月旱季高峰时会首先干涸；“彩虹瀑布”海拔最高，白天和夜晚都可以映照出彩虹，因此有了这个美丽的名字；“东瀑布”是瀑布群中唯一一段位于赞比亚领土内的瀑布，也属于一个国家公园。这五个瀑布组成的瀑布群绵延1.7千米，高度在70~108米不等，平均流速为每秒1 088立方米，雨季流速是平均流速的5~6倍。瀑布群泻入一个与之宽度相同的横向峡谷中，峡谷长约150米，出口只有110米宽，与“彩虹瀑布”平齐，瀑布下游从出口流出后形成一条5千米长的河流，呈“之”字形蜿蜒流淌，流经6个2~3千米长的幽深峡谷，其中包括上文提到的峡谷。第七个峡谷——巴科塔峡谷，长约120千米，终点位于大瀑布以东约80千米处。这一奇特的景观揭示了长达10万年的地质衰退过程，从瀑布的初始位置，也就是与第六峡谷——松圭峡谷平齐的位置，一直演进到现在的位置。

同时，赞比西河正酝酿着下一段瀑布，正如在魔鬼瀑布上方的“洼地”中也正在形成新的瀑布。这种现象是怎么造成的呢？赞比西河全长约2 500千米，发源于赞比亚西北部，最终注入印度洋。赞比西河在这一地区大约流过了其全程的一半，它在一个1.8亿年历史的玄武岩台地上流动，这是一个位于多沙干旱地区中心的地质岛屿。这块巨大的火山岩厚约300米，从博茨瓦纳边境的卡宗古拉，一直延伸到巴托卡峡谷与马泰齐河（Matetsi River）的汇合处，全长约200千米。冈瓦纳超大陆解体时，形成了东西方向上幽深狭长的裂缝，裂缝之间由南北方向的短裂缝相互连接。随着时间的推移，这些裂缝被柔软的黏土沉积物填满，上面还没有河流流过。赞比西河上游曾经是更南方的林波波河水系的一部分，大约6 000万年前，一条构造断层产生了一道屏障，即所谓的津巴布韦-卡拉哈里轴线，赞比西河也就被排除在这条古老的河道之外。中新世时期，该屏障以北的水道最终形成了一个巨大的湖泊（该湖泊如今的遗迹是马卡迪卡迪盐沼），随着时间的推移，湖泊形成了一个出口，与马泰齐河汇合，从而形成了赞比西河的下游河道。这条河在构造抬升的推动下进入玄武岩台地，然后开始侵蚀沉积在裂缝中的沉积物，一个接一个地将这些裂缝清空，最终形成了人们今天看到的一系列壮观的“之”字形曲折峡谷。

第90-91页 东瀑布（图中右侧）是赞比亚唯一的大瀑布，高约101米。瀑布附近的森林郁郁葱葱，与河岸和远处的岛屿上生长着相同的植被。

公园简介

- **地理位置**：纳米比亚库内内
- **交通信息**：从奥奇瓦龙戈出发（约 170 千米）
- **占地面积**：2 290 000 公顷
- **建立时间**：1907 年
- **动物资源**：114 种哺乳动物［细纹斑马、扭角林羚、大角斑羚、柯氏羚（Damara dik-dik）、非洲狮、鬣狗、非洲豹、南非猎豹、黑脸黑斑羚、犀牛、大耳狐］，340 种鸟类（鹭、灰颈鹭鸨、肉垂秃鹫、白头秃鹫、南非兀鹫、头巾兀鹫、蛇鹫、非洲秃鹳、南黄弯嘴犀鸟、靴隼雕、战雕、蓝鹤）
- **植物资源**：金合欢树、烛台大戟、箭袋树、关节碱蓬（*Suaeda articulata*）、紫荚簇叶榄仁（purple-pod cluster-leaf terminalia）、苹果叶矛豆荚（apple-leaf lance-pod）、非洲螺穗木
- **气候条件**：半干旱气候，气温高
- **建议游玩时间**：5 月至 10 月
- **有关规定和其他信息**：公园西区限制游客数量（仅对参观白云石露营的游客开放）

埃托沙国家公园（Etosha National Park）

纳米比亚

埃托沙这个词的意思是“伟大的白色地方”，这里辽阔而耀眼，甚至从太空中都能够看到，被列入拉姆萨尔公约保护名单。这并不是为了纪念这里曾经存在的一个湖泊，后来库内内河因一系列构造运动发生了偏移，该湖泊也就消失了。更确切地说，这个“头衔”是授予短暂湿地的。短暂湿地是一片覆盖着蓝绿藻类的薄薄的水域，从 1 月到 4 月，蓝绿藻将这片平坦的黏土盐池分裂成六角形，干燥后会留下一层盐壳。此地降雨非常稀缺，只能偶尔形成水池，所以这个在纳米比亚绵延近 5 000 平方千米的凹地并不是由降雨填满的，而是由三条河流供水，尽管这三条河流的流量并不稳定。这个盐池位于海拔 1 000 米的地方，面积约占整个国家公园的四分之一，历经数百万年的侵蚀雕刻而成。由于气候干旱，盐池内富含矿物质。断断续续向其供水的河流是埃库马河（Ekuma），发源于北部约 70 千米处的奥普诺纳湖（Oponona），埃库马河的河水来自一些常流河和相互连通的小湖泊［都是库韦拉伊（Cuvelai）水道系统的一部分］；奥希甘博河发源于安哥拉南部，与埃库马河共同作用在盐池西北部约 10 千米处形成了一个三角洲；奥万博干河（OMuramba Ovambo）发源于东北部，穿过毗邻的费舍尔斯盐池（Fisher's Pan）。

在降雨量异常大的年份，这些河流的水位能达到几厘米甚至 1 米，但这些水的含盐量是海水的两倍，不能饮用。100 万只火烈鸟在这里筑巢，以能够耐高浓度盐分的小型甲壳类动物为食。此外，还有大白鹈鹕，它们在流水中捕食鱼类。但在极度干旱的年份，甚至连一点儿细流都没有，动物们只能凑合着喝小池塘里的水，那些小池塘是由少得可怜的降雨形成的。唯一从这种环境中受益的大型动物是鸵鸟，它们在这里筑巢，以保护自己的蛋不受黑背胡狼的侵害，因为胡狼不敢冒险来这种极端干旱的地方。然而，植物在这里仍然顽强生存着：当埃托沙盐池干旱时，泥泞的底土为盐草（*Sporobolus spicatus*）提供水分，当盐池内充满水时，盐草便会腐烂，取而代之的是一种禾本科植物（*Odyssea paucinervis*）。在旱季，这种盐生植物是跳羚、大羚羊和角马的绝佳食物。盐池的边缘生活着这个生态区里唯一的地方性特有物种——埃托沙鬣蜥，一种以金龟子甲虫和白蚁为食的蜥蜴，生活在凹地周围的沙质土壤中。这是一个完全不同的环境，由几个泉水滋养的池塘组成，周围环绕着叉茎棕榈（*Hyphaene ventricosa*）林、多年生草本大草原，还有大片的蝴蝶树（butterfly trees），吸引了大象、犀牛和长颈鹿，最后是生长着美丽异木棉的稀树草原。

第 92-93 页 非洲丛林象（*Loxodonta Africana*）被认为是易危物种。公园内营养物质丰富，所以这里的非洲丛林象体形都很大，远远超过了该物种的平均大小。

第 93 页 黑脸黑斑羚是纳米比亚和安哥拉的本土亚种，体形比普通的黑斑羚要大，正如名字所体现的那样，它头上有一条黑色的条纹。不幸的是，这个物种正濒临灭绝，尽管其种群数量在一定程度上正在增加，但仍不到 1 000 头。

第 94 页 这头大象正将沙子蹭到身上以抵御日晒，羚羊悠闲地漫步。令人意想不到的是，裸露的盐池为食草动物提供了一个优势：由于缺乏植被，捕食者无法将自己隐蔽起来悄悄接近猎物。

第 94-95 页 小水池旁边站着一只大羚羊、一只跳羚、一只鸵鸟和一只金丝雀。这里有一个“饮水的规矩”：大象“等级”最高，先喝水，其次是食肉动物，然后是食草动物，最后才是鸟类。

第 96-97 页 日暮时分，斑马四处漫步。南半球的沙尘主要来源于埃托沙盐池，风将尘土卷起，一路穿过纳米比亚，吹到大西洋。

第 97 页 扭角林羚、跳羚和斑马正在寻找水源。虽然公园里有接触泉和自流井可供动物饮用，但在如此广袤的土地上鲜有分布，动物们不得不一起寻找水源。

纳米布－诺克卢福国家公园
（Namib-Naukluft National Park）
纳米比亚

1861 年 12 月 18 日，查尔斯·达尔文给植物学家朋友约瑟夫·道尔顿·胡克写信道："你给我看的那种非洲植物就像植物界的鸭嘴兽——但事实远不止如此。"道尔顿的父亲威廉·杰克逊·胡克是英国皇家植物园（邱园）园长，他也说，那是一种"最不同寻常……也是最难看的植物"。那株植物看起来像一丛灌木（确切来说，像一团杂草），却与松树和冷杉有一定的关系。虽然既不像被子植物也不像裸子植物，但确实属于后者。它的花序像一簇簇松果，树干低矮，叶子有如棕绿相间的"毛发"，柔软低垂，挡住了树干，像盖在地上一样。这些"毛发"实际上只是生长在基部的两片阔叶，这两片叶子裸露在外，不断延伸，有时竟长达 4~5 米。这种植物叫作百岁兰，只生长在布满岩石的纳米布沙漠北部。在斯瓦科普蒙德市以东，斯瓦科普河和坎河之间，有一片"百岁兰平原"，那里的百岁兰数目是世界之最，足有 5 000~6 000 株，其中部分已经有 2 000 年历史。百岁兰是百岁兰科唯一一种植物，通过叶子吸收水分。

实际上，作为世界上最古老的沙漠，纳米布沙漠已有 8 000 万年历史，环境极度干旱，却分布着异常丰富的动植物种群，令人不可思议。而沙漠中所有的动植物之所以能够生存，都是因为这里一种独特的现象：在本吉拉洋流（南极绕极流的一个分支，沿非洲南部的西海岸线向北移动）的作用下，寒冷湿润的海风被困在温暖干燥的沙漠，形成了云雾带。海风吹进昼夜温差极大的内陆（从 40 摄氏度到低于露点温度），雾就会变成微小的雨滴。植物直接吸收空气中的水气，而黑背胡狼等动物则可以舔掉石头上的水滴。另外，纳米布沙漠中的拟步甲虫与雾姥甲虫已经进化出长长的后腿，用以倾斜身体，这样壳上积累的水滴就能直接滑到嘴里。而唯一适应这种极端气候的葫芦科植物是纳米比亚野生甜瓜（又称娜拉瓜），它的主根可以深达地下 40 米以寻找地下水。其果实呈黄色，长约 15 厘米，枝干上长着刺，交织成网保护果实。

纳米布沙漠南部则以沙地为主。从索苏斯盐沼到国家公园南部边界，分布着大量橙色的沙丘，世界上最高、最壮观的沙丘屹立于此［如"大老爹"（Big Daddy）沙丘，高 380 米］，一只只羚羊优雅漫步其间。而在诺克卢福山脉南部，景色迥然不同，峡谷随处可见。这是由于地壳运动产生断层，将白云石、石英石和片岩沉积物等挤压到山脉东南部所致。这里于 1978 年并入纳米布国家公园，如今已成为稀有动物山斑马的保护区。

第 98 页 纳米比亚死亡谷。这里曾经是一片绿洲，后来沙丘阻断了特萨查布河。没有了水分滋养，金合欢慢慢枯萎，风干变黑，这里也成了一片白色的黏土洼地。

公园简介

- **地理位置**：纳米比亚纳米布沙漠
- **交通信息**：从斯瓦科普蒙德市出发，或从吕德里茨市出发
- **占地面积**：4 976 800 公顷
- **建立时间**：1907 年
- **动物资源**：壁虎、鬣狗、节肢动物、跳羚、鸵鸟、大象
- **植物资源**：金合欢树
- **著名步道**：纳米比亚死亡谷、索苏斯盐沼、塞斯瑞姆峡谷
- **气候条件**：沙漠气候
- **建议游玩时间**：3 月至 5 月，8 月至 10 月

第 100 页 南非剑羚，角长而高挺，可达 1.5 米。南非剑羚能够自行调节体温，因此能够生活在全世界最热的地区；它可以将自身体温提高到 35~40 摄氏度，以减少体液损失。

第 101 页 公园南部的沙丘，一直延伸到大西洋。由于沙子中含有的铁原子氧化，沙丘整体呈橙色，氧化时间越长，橙色就越深。

公园简介

- **地理位置**：南非林波波省和姆普马兰加省
- **交通信息**：从帕拉博鲁瓦出发，或从内尔斯普雷特市出发（约44千米）
- **占地面积**：2 000 000 公顷
- **建立时间**：1898 年
- **动物资源**：147 种哺乳动物（包括猎豹、捻角羚、河马、鬣狗、疣猪等），114 种爬行动物（包括黑曼巴蛇等），49 种鱼类，34 种两栖动物，507 种鸟类（包括肉垂秃鹫、战雕、鞍嘴鹳、灰颈鹭鸨、红脸地犀鸟、横斑渔鸮等）
- **植物资源**：1 900 种植物；各种金合欢（包括节刺金合欢等）、紫藤柳、马鲁拉树、可乐豆木、代儿茶
- **著名步道**：莱邦博生态步道、大林波波跨国步道
- **气候条件**：热带半干旱气候
- **建议游玩时间**：全年（冬季最适合观察动物）

克鲁格国家公园
（Kruger National Park）
南非

克鲁格国家公园是南非最著名的国家公园，曾经生活着“南非七巨象”：沙乌（Shawu，约1922—1982年），公园已知最长象牙纪录的保持者：左侧长3.17米，右侧长3.05米；恩德鲁拉米蒂（Ndlulamithi，1927—1985年），长得“比树还高”，肩高达到3.45米；马福尼亚（Mafunyane，约1926—1983年），脾气暴躁，长着一副完美对称的象牙，离群索居，更喜欢待在园内偏远的地方；施恩瓦其（Shingwazi，约1934—1981年），长着一对极不对称的象牙，死在一棵梧桐树下；卡姆巴库（Kambaku，约1930—1985年），最爱独处，在“擅自闯入”甘蔗种植园后中枪，后来由于无法站立，性命垂危，由一名护林员将其杀死；若昂（Joao，约1939—1984年），幸免于1982年一次偷猎，两年后约45岁时，可能因为与另一只雄性大象战斗而丢失了自己的“武器”；宗博（Dzombo，约1935—1985年），七巨象中唯一死于偷猎者的大象，万幸它那珍贵的象牙没有遗失，在偷猎者准备砍下象牙时，一名护林员及时发现并赶走了偷猎者。通过判断大象臼齿的磨损程度，能够准确确定大象的年龄，误差不超过一年。从“南非七巨象”的年龄可以看出，该公园所发起的保护计划大获成功。

野生动物艺术家保罗·博斯曼曾为这些大象绘制过肖像，目前已经印刷千余份。在莱塔巴露营地（Letaba Rest Camp）的大象馆博物馆中，除了若昂因象牙已经遗失，其余六头大象的象牙，都置于显眼之处陈列展览。那些象牙堪称自然奇迹，重量均在50千克到65千克之间。因为遗传变异，这些巨大的厚皮动物长着健硕无比的象牙，甚至可以称为“象牙动物”。公园里还生活着其他大象，比如杜克（Duke），去世于2001年，以及目前公园内最长寿的大象之一——马斯图勒勒（Masthulele），仍生活在莱塔巴－米德尔夫莱地区。

克鲁格国家公园还以大量大型动物而闻名世界，包括“五大野生动物”：2 500头水牛、1 000头豹子、1 500头狮子、5 000头黑白犀牛，以及在数量上拔得头筹的12 000头大象。这一数字实在令人刮目相看，因为从古至今，这些象牙长长的大型食草动物从未对这里表现出热爱。比如，在保护区内109幅岩画遗址中，只有三幅描绘了大象，而且在1898年，也就是公园前身——萨比禁猎区创建之日，这里甚至一头大象都没有，因为在过去的20年里，它们已被猎杀殆尽。内乱期间，象群逃离莫桑比克，在1905年自己重新回到这里。不过对于这个曾经的葡萄牙殖民地来说，正是生活在克鲁格国家公园里种群数量过剩的动物，促进了当地生物多样性的恢复。2001年，这里与邻近的林波波河国家公园以及位于津巴布韦的戈纳雷若国家公园一起，成立了一座跨国公园。莫桑比克与南非边境的围栏得以拆除，几十头大象连同4 500头角马、长颈鹿、水牛、黑斑羚、利氏麋羚、马羚、斑马和白犀牛得以来到莫桑比克。自此，已有1 000多头大象自行迁徙到这里。

第102-103页 根据2013年非洲大象数据库所发布的数据，目前共有401 650~632 992头大象生活在非洲大陆，其中近半数生活在非洲南部地区（博茨瓦纳共和国数量最多）。自2006年以来，非洲大象总数持续下降，而在南非，大象数量则略有增加。

第103页 非洲大陆上生长着两种本土猴面包树：广泛分布的非洲猴面包树本种和最近发现的小花猴面包树。两者都以树干短粗和寿命非凡而闻名。

第 104-105 页 南非大多数狮子都聚居在克鲁格国家公园。它们一般在黄昏到黎明时分活动，白天在多刺植物的荫凉下休息，也可能会待在水边。

第 105 页 花豹是最喜欢独居的猫科动物，其种群数量在公园内排名第二，仅次于狮子。它们在傍晚或夜间捕猎，或埋伏在茂密的灌木丛中，或藏匿在长满植物的小石头坡上，等待伏击。

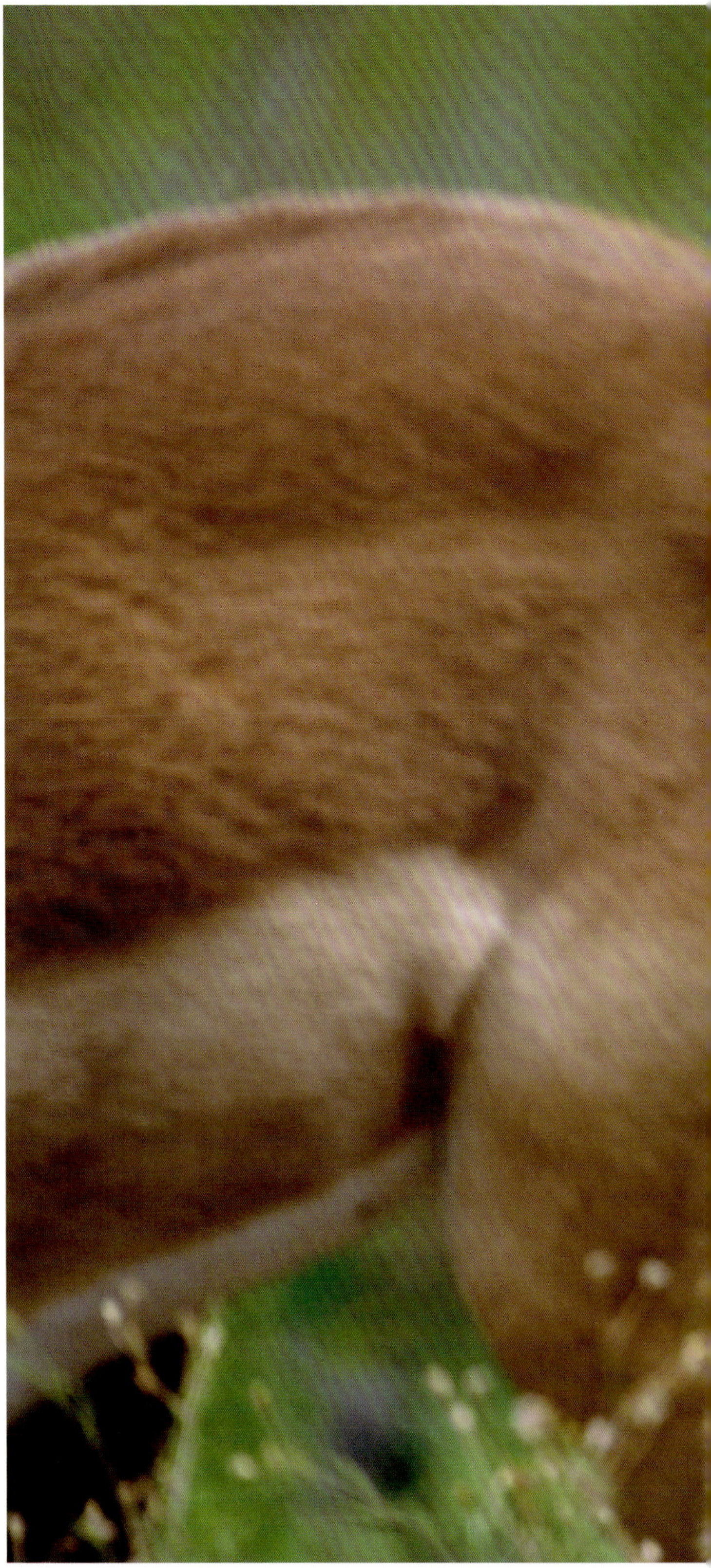

第 106 页 黄嘴牛椋鸟正在啄食扭角林羚身上的蜱虫。这种鸟类几乎完全以大型食草动物皮肤上的寄生虫为食。

第 106-107 页 一只红嘴牛椋鸟正在为黑脸黑斑羚“清洁”鼻子。当然，这样的摄食习惯很受有蹄类动物的青睐，还有利于它们对抗寄生虫侵扰。

公园简介

- **地理位置**：南非夸祖鲁－纳塔尔省
- **交通信息**：从德班出发（距离 200~230 千米；沿 N3 和 R74 公路到达德拉肯斯山脉北部；或沿 N3 和 R617 公路到达德拉肯斯山脉南部）
- **占地面积**：249 300 公顷
- **建立时间**：2001 年
- **动物资源**：约 250 种鸟类（包括南非兀鹫、胡兀鹫、黄胸鹨等），大角斑羚、狒狒、山羚、奥氏小羚羊、豹、狞猫、薮猫、土豚、土狼
- **植物资源**：非洲高山苔原、兰花、百合、鸢尾、喇叭兰、唐菖蒲
- **气候条件**：亚热带高原气候，寒冷，半干旱
- **建议游玩时间**：3 月至 5 月，9 月至 11 月

马洛蒂－德拉肯斯堡跨国公园

（Maloti-Drakensberg Transboundary Park）

南非与莱索托

龙山横亘于整个南非东南海岸，长约 1 000 千米，在莱索托和南非夸祖鲁－纳塔尔省之间划出一道天然界限。乌次纪－德拉肯斯堡国家公园形似逗号，环绕着莱索托这个小小王国的东端，就像非洲最南端那个共和国的一块飞地。其与塞赫拉巴泰贝国家公园共同组成了马洛蒂－德拉肯斯堡跨国公园。迄今为止，乌次兰巴－德拉肯斯堡国家公园面积仍居马洛蒂－德拉肯斯堡跨国公园榜首，足有 242 813 公顷，而与之相对，位于莱索托的塞赫拉巴泰贝国家公园占地面积仅为 6 500 公顷。德拉肯斯堡山脉一直延伸至莱索托境内，这部分名为马洛蒂山脉，而德拉肯斯堡山脉的最高峰——塔巴纳恩特莱尼亚纳山（海拔 3 482 米）也坐落于此。马洛蒂山脉是大陆崖的一部分，悠长的大陆崖从西到东，将南部非洲高原和低海拔的沿海地区分隔开来。

马洛蒂－德拉肯斯堡山脉形成于 1.8 亿年前的火山喷发，山体由陡峭的玄武岩组成，下方由砂岩层提供“支撑”，是非洲大陆的主要水库之一。公园最北端坐落着皇家纳塔尔国家公园，虽与其他保护区域隔开，但仍属于马洛蒂－德拉肯斯堡跨国公园。皇家纳塔尔国家公园与一道岩石峭壁相连，其名为圆形剧场，属于苏尔斯山，奥兰治河便发源于此。尽管奥兰治河向东距印度洋不到 200 千米，但却向西流过 2 200 千米，汇入大西洋。它是南非最长的河流，穿过莱索托，当地称其为“森曲河”（Senqu river），流经干旱的卡拉哈里沙漠，溯及纳米比亚边境，最后汇入亚历山大港（Alexander Bay）。苏尔斯山还是图盖拉河的发源地，它与奥兰治河流向相反，向东流过 520 千米后，注入印度洋。马洛蒂－德拉肯斯堡山脉上遍布着大片高海拔湿地，孕育了夸氏拟鲉［其中莱索托只生活着 5 个种群，分别位于森曲河、索利坎河（Tsoelikane river）、萨尼河（Sani river）、马雷莫霍洛河（Maremoholo river）以及马措库河（Matsoku river）］，还生长着丰富多彩的植物，数量近 2 000 种，其中 13% 为本土物种。

公园风景丰富繁杂，除了天然拱门、幽幽深谷和各式洞穴，还有另一宝藏，即分布在 650 多处的 35 000 幅岩画。如此集中的岩画规模，在撒哈拉以南非洲地区无与伦比。画作内容涉及该地原住民——布须曼人的生活和宗教，时间横跨 4 000 年。对 ^{14}C 的分析结果表明，最古老的画作可以追溯到公元前 3000—前 2000 年，不过大多数岩画都绘制于过去两千年内。有两种动物在画作中出现最频繁：一种是大角斑羚，出现于 43% 的画作中，尤其多见于那些年龄最大的岩画中（一同出现的还有体形较小的短角羚群和麋羚群）；另一种是马，这证明了马是在当地人开始接触白人殖民者之后才出现的。兽神岩画随处可见，仿佛在用线条描绘着由“人形大羚羊”组成的世界：那些神灵有着人类的躯干，长着羚羊的头，四肢有蹄，手臂向后摆，还拖着一条长长的尾巴。

第 108-109 页 大教堂峰区域，位于公园北部，面积达 32 000 公顷。该区域包括迪迪马山谷，那里有着大量的布须曼岩画，还有迪迪马峡谷，人们可以在那里观赏大陆崖。

第 109 页 黑背胡狼正驱赶年轻的胡兀鹫。两种动物都以腐肉为食，但兀鹫通常最后进食。

黥基·德·贝马拉哈国家公园（Tsingy de Bemaraha National Park）

马达加斯加

黥基·德·贝马拉哈国家公园内，岩层形成喀斯特高原地貌，蔚为壮观；针状石灰岩细如刀刃，组成一片片“森林”；岩溶沟深不可测，狭窄异常；还有一些人们难以进入的洞穴。这里既是国家公园，也是严格自然保护区（仅供科学研究），在这个堡垒中，珍稀动植物得以免受自然火灾和人类侵扰。公园内有两片石林，多年来，地下水慢慢从横向和纵向侵蚀岩块，把那些侏罗纪时期的石灰岩雕刻成石林地貌，即使是本土动植物，也无法在每个岩溶沟和针状石灰岩中生存。这里的动物们“各得其所”：有的终生居住在高原正中心隐蔽的洞穴内，有的居住在针状石灰岩底部迷宫般的岩溶沟中，还有的居住在成千上万栋“岩石大楼”的楼顶。有两种狐猴能够在针状石灰岩中灵活跳跃，一种是德肯狐猴，另一种是红额美狐猴，后者是唯一一种生活在马达加斯加西部的美狐猴。它们跳跃在石林间，就像穿行于落叶林中。落叶树木是它们最喜欢的栖息地，分布于马达加斯加岛中西部的一小块区域。

多种多样的生态系统各具微小的孤立生态位，形成了大量的特有种。比如贝马拉哈毛狐猴，这一种群似乎只生活于公园深处的几片森林中；再比如残肢变色龙，一种夜间活动的小蜥蜴，只生活在公园北部，尤其是在本德劳森林；还有一些最近才发现并确认的蛙目物种也是如此。这个公园就和整个马达加斯加一样，不断为植物学家和自然学家带来新发现。在马达加斯加西部的干旱地区，大多数物种来自存在不久却丰饶多产的沼泽，但还有些物种具有岛屿东部热带雨林的特点，它们从那里潮湿的栖息地和生物群落进化而来。在马达加斯加，山脉从北向南延伸，将整个国家一分为二，东风无法吹遍整个岛屿，因此，迎风面不同于对面，很容易遭受强降雨，从而导致两栖动物分布更加集中，生物多样性更为丰富。例如，有三种蛙属于“东方”进化枝：一种是黥基马达加斯加蛙（*Tsingymantis antitra*），发现于2006年；另一种是贝氏亮眼蛙（*Boophis tampoka*），发现于2007年，目前被学界视为唯一一种安卡法纳亮眼蛙，该亮眼蛙是季节性干旱环境的特有种；还有一种是格非罗颗粒蛙（*Gephyromantis atsingy*），发现于2011年，这种蛙白天生活在石灰岩洞穴中，晚上在岩石上活动。这三个物种也许可以证明，岛屿西部一定有过一段气候反常期。因此，峡谷底部的半湿润森林可能是植物廊道的遗迹。在正对莫桑比克海峡的岛屿西部，植物廊道曾经从岛屿一端延伸到另一端，后来，当地典型的落叶树木蓬勃生长，而幸存下来的廊道便如一座座孤岛一般，只剩下片片森林带。

第110页 岩石块似乎在尖头上摇摇欲坠。形成这种景观是因为不同的岩石块具有不同的抗腐蚀能力。游客可以走舷梯、吊桥和台阶去小石林，但要到达大石林，则需要配备登山装备。

第110-111页 水聚集在密集的岩石尖峰脚下，孕育了各种植物，包括干燥气候典型的落叶物种（多肉植物，矮化植物和多刺植物）以及“岛屿”般分布的半湿润森林。

公园简介

- **地理位置**：马达加斯加梅拉基区
- **交通信息**：从穆龙达瓦出发（距离约 200 千米）
- **占地面积**：72 340 公顷
- **建立时间**：1997 年
- **动物资源**：马达加斯加长尾灵猫、狭口蛙、马达加斯加环带蜥蜴、平额叶尾守宫、领鬣蜥，11 种狐猴（包括西部毛狐猴、肥尾侏儒狐猴、阿劳特拉湖驯狐猴、鼠狐猴等），马达加斯加海雕、马岛林秧鸡、马岛鹦鹉、大马岛鹃、科氏马岛鹃
- **植物资源**：大戟属植物、芦荟、棒锤树
- **著名步道**：安齐希马宁齐步道、坦特利步道、马南布卢河、安达多尼和安凯利戈亚步道、安凯利戈亚步道、安达多尼步道、贝拉诺步道、安达莫扎瓦基和拉努察拉步道
- **气候条件**：热带草原气候
- **建议游玩时间**：5 月至 11 月
- **有关规定和其他信息**：12 月至次年 3 月关闭

公园简介

- **地理位置**：马达加斯加阿特劳拉－曼古鲁区
- **交通信息**：从塔那那利佛出发（距离 145 千米）
- **占地面积**：15 500 公顷
- **建立时间**：1989 年
- **动物资源**：马达加斯加长尾灵猫、马岛獴，51 种已探明的爬行动物（包括国王变色龙亚种［*Calumma parsonii cristifer*］、撒旦叶尾壁虎等），84 种两栖动物（包括金色曼蛙等），112 种鸟类（包括紫黑裸眉鸫、蓝马岛鹃、红嘴钩嘴鵙、马岛草鸮、小弯嘴裸眉鸫等），11 种夜行性与昼行性狐猴（包括大鼠狐猴、赤色倭狐猴、指猴、东部毛狐猴、褐美狐猴、红腹美狐猴、小齿鼬狐猴等）
- **植物资源**：100 多种兰花、树蕨、藤本植物、旅人蕉、马黄檀
- **著名步道**：里亚纳索阿步道、察冈步道、贝拉卡托步道
- **气候条件**：热带雨林气候
- **建议游玩时间**：9 月至 11 月

安达西贝－曼塔迪亚国家公园（Andasibe-Mantadia National Park）

马达加斯加

为了把声音传到很远的地方，光面狐猴们坐到了树顶。然后在一对成年狐猴夫妇的带领下，它们开始吼叫，每次持续几秒钟；除了幼崽，其余所有狐猴都发出吼叫声。接下来，它们发出一连串长音，每次长达 5 秒。随着乐句音调逐渐降低，这首“合唱”到达尾声，好像一首挽歌，以高音开场，随后越来越低。整个过程中，两只以上的狐猴一同发出声响，奏响“二重唱”或“双声部发声”。整首曲子一般长达 45 秒到 3 分钟。光面狐猴用这样的“合唱”进行交流，在曲子中传递群体信息（包括成员数量、年龄和性别等），以及活动范围、潜在危险等。通常光面狐猴们从清早就开始“合唱”，白天也会重复几次，居住环境受到“干扰”时尤甚。到了发情期，“合唱”最为频繁，从 12 月持续到次年 3 月。这样的“合唱”便是光面狐猴的特性，通过不同的曲子，可以分辨不同的光面狐猴家族。

光面狐猴是世界上体形最大的狐猴，仅生活在马达加斯加岛潮湿东岸的中北部地区。它们长着熊一般的脸，大大的绿色眼睛，面色很深，鼻子无毛；长长的皮毛又黑又亮，腿部、臂部、下背部和头部周围有成片的白色皮毛，尾巴短小。光面狐猴以家庭为单位生活，成员是一对夫妇及其幼崽，通常一个家庭的领地达到 40 公顷，例如深受它们喜爱的曼塔迪亚雨林，是马达加斯加受破坏程度最小、面积最大的雨林。如果栖息地特别分散，那么几对光面狐猴夫妇往往会聚集在一对首领夫妇周围，这样，这个大型家庭便只需要以往领地面积和重要空间的一半。在阿纳拉马扎卓保护区便是如此，该保护区属于国家公园，但与公园其他部分并不接壤，大约有 60 组这样的光面狐猴家庭聚居于此。20 世纪 70 年代，由于狩猎活动猖獗，已有两种狐猴于保护区内绝迹。2006 年，一项种群复兴计划开始实施，在此期间，这两种狐猴从曼塔迪亚公园回到了保护区内，重新在此安家。

冕狐猴因其面部周围的白色皮毛像冠冕而得名，其四肢呈金黄色，体形与光面狐猴相当。领狐猴是为数不多会筑巢的狐猴之一，在分娩前不久，雌性领狐猴从腰部拔下厚厚的毛，筑成巢穴。由于栖息地遭到破坏，冕狐猴、领狐猴以及光面狐猴都濒临灭绝，人们占领了它们的居住地，用于开垦耕地。在马达加斯加，还有许多物种都面临同样的风险，那里超过 70% 的动植物物种都是当地特有种。大约 1.65 亿年前，非洲大陆分裂开来，大约 1 亿到 8 千万年前，印度洋板块分裂，形成了马达加斯加岛。多年来，在这个巨大的岛屿上，每个物种都有自己的一方小天地，而人类仅在 2000 年前，才开始定居于此。这里是一个生物多样性极其丰富的宝库，还有许多惊喜尚待探索。仅从 1999 年至 2010 年，研究人员就在马达加斯加岛上发现了 615 种动植物新物种，并对其进行归类。

第 112-113 页 雄性彗尾蛾，原产于马达加斯加雨林，是世界上最大的蚕蛾之一，翼展达 20 厘米，尾巴长 15 厘米。

第 113 页 杜梅里亮眼蛙（Dumeril's bright-eyed frog，*Boophis tephraeomystax*），本土两栖动物，生活在马达加斯加东部和西北部地区，从海平面到海拔 900 米处均有所分布，是当地常见物种，各栖息地均有所分布。

第 114-115 页 曼塔迪亚公园主要由茂密的原始雨林组成，面积约为 10 000 公顷。这里是公园内海拔最高点，高达 1 260 米，鲜有小路穿过。

第 115 页 冕狐猴，一种昼行性狐猴。一个冕狐猴家族有 2~10 名成员，领地面积为 25~50 公顷。家族成员划分本家族领地边界，防止其他家族占领，同时与褐狐猴与红腹美狐猴等其他物种共享同一片领地。

公园简介

- **地理位置**：塞舌尔群岛内岛
- **交通信息**：从拉迪格岛出发
- **占地面积**：170.53 公顷（陆地面积为 5.05 公顷）
- **建立时间**：1996 年
- **动物资源**：鲨鱼、鳐鱼、普通章鱼
- **植物资源**：椰树
- **气候条件**：热带雨林气候
- **建议游玩时间**：全年

科科斯岛国家公园
（Ile Cocos Island Marine National Park）
塞舌尔

距离拉迪格岛东北方向约 7 千米处，坐落着科科斯岛、拉富什岛（La Fouche island）和普拉特岛（Plate island），三座岛屿面积比拉迪格岛小，比三块岩石大不了多少。岛屿附近，浅海碧绿，清澈见底，常有水下“大军”出没：海龟、海鳗、鹦嘴鱼和箱鲀漫游其间，横带刺尾鱼、粉蓝吊、平鳍旗鱼和钩鳞鲀成群结队，鲨鱼、小鳐鱼和章鱼逡巡于珊瑚礁与海底之间。这里深受厄尔尼诺现象影响，必须得到人们保护。这片岛屿位于印度洋，目前已成为塞舌尔群岛的象征。塞舌尔群岛由 115 个岛屿组成，距离非洲海岸 480~1 600 千米。岛屿上生长着小椰树，树干纤细，上方顶着一簇绿叶，树冠呈伞状，看起来像一块受到垂直侵蚀的花岗巨岩，先在流水的作用下打磨平整，又竖立起来，仿佛有一只“无形的手”在用力，让人想起支石墓。岛屿周围，几条窄窄的海滩满是白色细沙，与大多数人印象中的太平洋岛屿类似。

科科斯岛与几座较小的“姐妹”岛屿同属内岛，那是塞舌尔群岛中最古老的岛屿，其中最大的有 41 座，均为花岗岩岛屿，都是冈瓦纳超大陆解体后的残片。内岛位于马斯克林海岭最北端，海底火山爆发形成的海岭藏于水下，整体呈拱形，位于马达加斯加东北部，面积近 2 000 平方千米。古老的内岛陆地上，覆盖着热带森林，普拉兰岛和屈里厄斯岛上，还生长着海椰子。海椰子为当地特有物种，生长非常缓慢，椰树高度可达 35 米，果实很大，造型奇特，形状像女人的骨盆。海椰子树能结出植物界最大的种子，果实需要 6~7 年才能成熟，种子需要两年才能发芽。由于果实实在是太重了，它们无法随着水流漂移到其他地方并生根，因此即使在附近的岛屿上，它们也无法生长。还有一种水母柱树，也是当地特有种，只长在马埃岛上，得名于其果实形状。它只分布在该岛上的三个地方，包括塞舌尔首都维多利亚。水母柱树为严重濒危物种，因此受到国家公园的保护。

外岛则与内岛完全不同。外岛由海洋中散布的 74 座沙质珊瑚礁组成，其中一些形成了凸起的珊瑚环礁，最典型的就是阿尔达布拉群岛。该岛距离马埃岛 1 000 千米，岛上原本生活着体形巨大的阿尔达布拉象龟，现在则早已迁徙到了屈里厄斯岛（Curieuse island）和普拉兰岛。1840 年以前，内岛上也生活着本土乌龟——阿诺德象龟（Arnold’s giant tortoise, *Aldabrachelys gigantea arnoldi*），它是阿尔达布拉象龟的一个亚种。而现在，阿诺德象龟的种群数量已非常稀少，只能在圈养环境中生存。

科科斯岛、拉富什岛和普拉特岛只展示着散落在海洋中众多岛屿的星星点点，却将塞舌尔群岛的精华展现得淋漓尽致，为世人构筑出一个梦幻般的世界。

第 116-117 页与 117 科科斯群岛位于私人岛屿费利西泰岛和大姊岛（Grande Soeur）之间的广阔海洋中，吸引着住在拉迪格岛或普拉兰岛的游客。海水清澈透明，游动着无数五颜六色的鱼。

亚洲

格雷梅国家公园
（Göreme National Park）
土耳其

1985年，联合国教科文组织将格雷梅山谷及周边地区列入《世界遗产名录》，其对卡帕多西亚的描述可谓达到了精髓：“那些洞穴式住房、村庄、修道院和教堂如化石一般，保留了拜占庭帝国一个省从公元4世纪至1071年塞尔柱土耳其人到来之前的图景。”安纳托利亚高原历史悠久，景观与地球上其他地区迥然不同。那里地表如月球一般，凝灰岩受侵蚀，形成奇异的地层，其中最典型的就是“童话烟囱”（fairy chimneys）：遍地的金色尖峰，上方缀着一顶颜色较暗的岩石，堪称地质奇观，令人赞叹不已。该地区南部和东部毗邻死火山山脉，主要为哈桑山和埃尔吉耶斯山，后者近4 000米高。

丰富多彩的文明令这片地区更显独特。公元前2000年，从亚述人和赫梯人开始，就在此建立了贸易殖民地。但是，当地人并没有将他们奇妙的创造放在自然奇迹之上，而是去开凿那些易碎的岩石：首先凿出了简单的地下住所，以躲避野生动物，安然度过寒冬，后来整个族群都躲避于此，以防遭受迫害或侵略。那些洞穴、走廊和隧道相互连通，其主体逐渐发展成房间网络，形成穴居人村庄，或称为地下城市。这些房间在不同的高度上凿成，深达60米，整个城市能够容纳数千人。目前，研究人员已探明约40个地下城市，其中最大的是卡伊马克勒地下城，最深的是公园附近的代林库尤地下城。

公元2—3世纪，第一批基督徒为逃离罗马暴行，在此避难。洞穴式的教堂和礼拜堂内部装饰精美无比，让卡帕多西亚成为后圣像破坏时期拜占庭艺术最重要的典范之一。早在公元4世纪，一些隐士们就结伴搬到了这里。济尔维修道院的历史可追溯至圣像破坏时期以前，坐落于隧道相连、跨越三座山谷的建筑群的中心，那里20世纪50年代以前一直有人居住。至今尚可看到圣像破坏时期（公元725—842年）幸存下来的遗迹，包括基督教的象征性元素，主要是十字架。紧接着，基督教艺术如同经历了一场文艺复兴，终于可以自由地诠释自我，诞生了大量色彩鲜艳的具象壁画，画在数百座洞穴教堂的墙壁和拱顶。其中最有名的当属《基督生平》（*Life of Christ*）与《圣巴西略》（*St. Basil the Great*）系列画像，可追溯到9世纪至10世纪，均绘于托卡利教堂。巴克尔教堂（Church of the Buckle）是一座规模巨大的修道院群的主圣地，现在名为格雷梅露天博物馆。博物馆内有11间修道

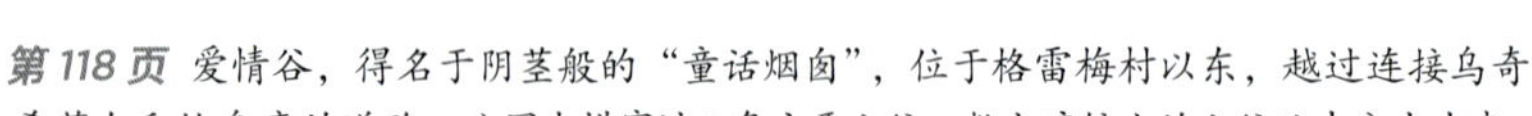

第118页 爱情谷，得名于阴茎般的“童话烟囱”，位于格雷梅村以东，越过连接乌奇希萨尔和恰乌辛的道路。公园内横穿过8条主要山谷，数十座较小的山谷从中分支出来。

第118-119页 古代火山喷发产生了大量沉积物，后来在风蚀与水蚀作用下，由于不同的沉积物对侵蚀的抵抗力不同，形成了高达40米的锥体和尖峰景观。

院餐厅，每间餐厅都有自己的小教堂，可追溯至公元10—12世纪。建筑群与格雷梅古镇相邻，坐落于保护区正中央。这里有些岩石洞穴已开发成为旅馆和餐厅，也有一些用作仓库或住宅。

公园简介

- **地理位置**：土耳其安纳托利亚半岛中部的卡帕多西亚
- **交通信息**：从开塞利出发（距离约60千米）
- **占地面积**：9 614公顷
- **建立时间**：1986年
- **动物资源**：鹳、鹰、鸻形目鸟类、雕、狼、獾、豺、郊狼、赤狐
- **植物资源**：刺柏、山杏仁、山楂的某些品种、鼠李、山毛榉、柳树、欧洲荚蒾、金银花，114种本土物种（包括两种紫云英）
- **著名步道**：童话烟囱谷（Peri Bacalari Vadisi）、鸽子谷（Guvercinlik Vadisi）、玫瑰谷（Güllüdere）、红谷（Kizil çukur）、修士谷（Pasabag）
- **气候条件**：大陆性气候，终年湿润，夏季炎热
- **建议游玩时间**：全年

艾因·阿夫达特国家公园 (Ein Avdat National Park)

以色列

纳哈尔·津干谷（Nahal Zin wadi）始于以色列南部干旱的内盖夫地区，本应直奔地中海而去，但在接近斯德博克集市时，却突然向东转弯，朝死海奔去。死海位于地球表面的最低点，低于海平面 400 米。纳哈尔·津干谷总长 120 千米，落差约为 1 400 米，蜿蜒曲折地穿过干旱地区。该干谷发源于巨大的雷蒙天坑附近，海拔近 1 000 米。雷蒙天坑深 500 米，长 40 千米，宽 2~10 千米，并非形成于陨石撞击或火山喷发，因此不是真正的陨石坑，而是因为海洋收缩造成穹窿地质结构，后来经过侵蚀与坍塌形成的圆环状空洞。

有学者推测，纳哈尔·津干谷过去与纳哈尔·哈贝佐尔干谷（Nahal Habesor，流经斯德博克集市附近）汇合，淹没了曾经的拜莱赫（Deir al-Balah，今加沙地带）。因此，当地的领土配置发生了变化，纳哈尔·津干谷也改变了流向。此外，当地还形成了新的山谷，有着明显的高度差异，也导致该干谷偏离了几十码。干谷中的水逐渐开始侵蚀易碎的砂岩，而岩石中的燧石则增加了砂岩的抵抗能力，最终形成了一条几英里（1 英里约等于 1.609 千米）长的峡谷——艾因·阿夫达特峡谷（Ein Avdat）。研究人员还认为，这一过程发生于大约八万年前，而该地区发现的大量燧石工具可以追溯到几千年前，这也证明莫斯特时期便有人类定居于此。当时这里可能还不是峡谷，而是一道又宽又浅的河床，就像纳哈尔·津干谷其他部分一样。

这条干谷几乎一直处于干涸状态，只有在短暂而猛烈的降雨后，才会涨满水，这种降雨属于沙漠特有现象，干谷中的水很快就会蒸发。尽管如此，艾因·阿夫达特却是一片绿洲。“艾因”一词本意就是“泉水”，阿夫达特泉孕育了高达 15 米的瀑布，飞流直下，注入深达 8 米的水池。当地还有另外两眼泉水，形成的瀑布与位于下游稍远处的莫尔泉（Mor）和位于上游的马阿里夫泉（Ma'arif）相互交织。尽管尚未得到明确证明，但目前普遍认为，阿夫达特泉的泉水来自干谷河道砾石中渗出的雨水，那些雨水冰凉且略带咸味，上升到地表汇集成泉。河岸上生长着盐生植物，如滨藜，其为多年生草本植物，生长着肉质叶片和玉米芯形状的黄色花朵；此外还生长着已经适应这种恶劣土壤的树木：一棵已有数百年历史的大西洋橡树，盘根错节紧紧抓住大地；还有一片静立于此的白杨林，从岩石凿出的渠推测，那里过去可能是菜园。这片树木大概是拜占庭时期住在这片洞穴中的僧侣所种，他们用石头凿成长凳、架子和楼梯，作为洞穴中的家具。现如今，只有努比亚山羊等少数动物栖息于此。

第 120 页 艾因·阿夫达特峡谷形成于水，但现在却相当干旱。夏季，这里温度高达 40 摄氏度，而冬季可能降至 0 摄氏度以下。

第 120-121 页 峡谷俯视呈 V 形，尖点朝南，两端朝北。该峡谷位于内盖夫沙漠北部，占地约 13 000 平方千米。

公园简介

- **地理位置**：以色列内盖夫
- **交通信息**：从贝尔谢巴的本古里安和米茨佩拉蒙的阿夫达特出发
- **建立时间**：1964 年
- **动物资源**：高地山羊、夜莺、雕、秃鹫、鹰、鸨、青蛙、淡水蟹
- **植物资源**：胡杨、滨藜
- **著名步道**：一条贯穿整个峡谷，由墙边的楼梯进入；另一条从艾因·马阿里夫南边进入
- **气候条件**：沙漠气候
- **建议游玩时间**：全年
- **有关规定和其他信息**：严禁携带食物、严禁在水池里游泳、严禁私自进入未标记路径

第 122 页 努比亚山羊和红海栗翅椋鸟和谐共生。
这种鸟有时会啄食高地山羊身上的寄生虫。

第 123 页 赤狐，以色列最常见的食肉动物，分布在内盖夫沙漠以北地区。
沙漠南部的岩石中生活着路氏沙狐，
沙地中则生活着阿富汗狐和体形最小的耳廓狐。

公园简介

- **地理位置**：印度中央邦
- **交通信息**：从乌默里亚出发（距离约 35 千米）
- **占地面积**：44 500 公顷（其中 10 500 公顷向公众开放）
- **建立时间**：1968 年
- **动物资源**：22 种哺乳动物（包括猕猴、灰叶猴、水鹿、蓝牛羚、印度野牛、四角羚、印度瞪羚、亚洲胡狼、印度懒熊、条纹鬣狗、灵猫等），250 种鸟类（包括蛇雕等）
- **植物资源**：落叶林
- **气候条件**：热带季风气候
- **建议游玩时间**：2 月至 6 月 30 日（7 月至 10 月中旬关闭）

班达迦国家公园（Bandhavgarh National Park）

印度

人们将班达迦国家公园称为孟加拉白虎最后的家园，可谓名副其实。在过去100年里，人们只有十几次亲眼看到过这种白虎，且几乎每次都是在这个公园里。1951年，人们最后一次见到孟加拉白虎，也是在此公园。雷瓦的马坦德·辛格王公（Maharaja Martand Singh）曾经捕获过一只雄性白虎幼崽，并将其命名为莫罕（Mohan，意为巫师），目前世界各地动物园里饲养的白虎都是其后代。这种白虎不是孟加拉虎的一个亚种，而是由常染色体隐性遗传引起的一种色素变异而形成，从白虎眼睛的蓝色与鼻子的粉色上也能窥探一二。若要延续白化现象，父母双方都必须携带这种与黑色素合成相关的变体基因。自然状态下，白化现象发生的概率仅为万分之一，通常是由于父母一方（尤其是白化父母）与后代交配。

除了这种基因变异所产生的白虎，该国家公园内还生活着大量健康的孟加拉虎，皮毛呈橙色。目前公园内大约生活着60只孟加拉虎，而整个印度则生活着2 000多只孟加拉虎，据最近估计，这约占全世界野生孟加拉虎总数的70%。这一切都归功于1972年启动的保护计划——“老虎计划”，该计划将公园设立为保护区，并对其进行了扩展。

温迪亚山脉最高处海拔为800米，该区域已纳入国家公园，目前大部分土地上都生长着婆罗双树林和竹林。两千年来，这片山脉一直叫作班达迦（意为“兄弟的堡垒”），之所以如此命名，是因为根据神话传说，罗摩（印度教主神毗湿奴的第七个化身）将这座山送给了弟弟罗什曼那。然而名不副实的是，很长一段时间内，这片山丘都是皇家狩猎场，主要猎物便是那些吓人的孟加拉虎。仅1914年，文卡特·拉曼·辛格王公就亲手杀死了111只老虎。如今，这些猫科动物得以安宁地在此生活，标记自己的领地，不时与印度豹争夺心爱的美食——梅花鹿。

现已六岁的穆昆达（Mukunda）和蓝眼（Blue Eyes）分别主宰着稀土丽区（Khitauli）和马格迪区（Maghdi），而生物多样性最为丰富的塔拉区（Tala）则多年来一直由老巴梅拉［Old Bamera，也称沙希（Shashi）］担任虎王。它的父亲孙达尔（Sundar，也称B2）从祖父查吉尔（Charger）手中“夺取”了虎王地位，而它则是“继承”了下来。查吉尔名副其实，脾气暴躁，经常冲撞载着游客的大象。它于2000年去世，终年17岁（孟加拉虎的平均寿命为12~14岁，少数能活到15岁），它的长期伴侣名为悉多。巴梅拉（Bamera）和悉多（Sita）是班达迦活着的传奇，与仍生活在此的莫罕齐名。悉多颇具统治力，它将这种特点传给了女儿摩西妮（Mohini），摩西妮后来生下了孙达尔。悉多是世界上最著名，也是出镜率最高的老虎之一。1997年，它登上了《国家地理》杂志封面。它最后一次亮相于1998年，从此销声匿迹。

第124-125页 一只雌性孟加拉虎似乎对一小群白斑鹿不感兴趣。白斑鹿在公园中随处可见，背上有白点，鹿角每年都会脱落。

第125页 一只雄虎刚刚杀死一只白斑鹿。这张照片之所以著名，是因为图中的雄虎名为孙达尔。塔拉区则以老虎聚集而闻名，多年来，孙达尔一直是该地区的雄性霸主。

第 126 页 水鹿，一般以小群体四处走动，走动中可以长时间不饮水，主要以草、竹笋和耐嚼植物为食，因此更喜欢落叶灌木较多的栖息地。

第 127 页 南平原灰叶猴，印度西南部特有的灵长类动物。它们能够适应完全不同的环境，既生活在热带森林，又出没在干燥的落叶林中，甚至开阔的灌木丛中也能见其踪影。

萨加玛塔国家公园（Sagarmatha National Park）

尼泊尔

根据板块构造学说，地表大陆一直都在运动，万物位置瞬息万变，一刻都不曾停息。当然，这些变化通常都在小范围内进行，因此倒不需要人们一直去修改地图，但对于珠穆朗玛峰来说，情况就不同了。人们称珠穆朗玛峰为“世界屋脊”，尤其好奇“天之头颅”究竟身高几何（在尼泊尔，珠穆朗玛峰的官方名称为萨加玛塔，而这一名字的含义之一便是“天之头颅”）。这一三角锥形山脉高 8 848 米，通常每年增高 4 毫米，向东北方向延长 3~6 毫米。5 000 万年前，印度板块和欧亚板块相撞，后者压在了前者之上，造成巨大的隆起；2 000 万 ~2 500 万年后，这一隆起开始上升，形成喜马拉雅山脉。该山峰形成的关键时期则为 80 万年前 ~50 万年前的更新世，最终形成了由三层变质岩组成的复杂山脉：最底层由片岩组成，中间层（大约高达 3 000 米）由花岗岩组成，顶层由片岩、大理石、石灰岩和砂岩组成。这里提到的砂岩位于珠穆朗玛峰山顶下方，看似一条黄色缎带，它们来自特提斯海的底部，从地球深处一直上升到山脉顶部。

萨加玛塔只有西坡位于尼泊尔，属于国家公园，其余部分归属中国。约 67% 的保护区域海拔超过 5 000 米，分布于喜马拉雅山永久雪线附近，雪线海拔高达 5 750 米。话虽如此，其余 33% 的区域海拔也高于 2 800 米。园区内，共有六座山峰高度超过 6 000 米，五座山峰高度超过 7 000 米，还有两座山峰高度超过 8 000 米，分别是：洛子峰——地球第四高峰，高 8 516 米、卓奥友峰——地球第六高峰，高 8 201 米。喜马拉雅山区最大的冰川——果宗巴冰川位于卓奥友峰，长约 37 千米，孕育了各科尤湖——世界上海拔最高的淡水湖群，海拔 4 700~5 000 米。该湖群由 6 个主湖和 13 个小湖组成，并于 2007 年列入《世界重要湿地名录》。白眼潜鸭和蓑羽鹤等重要鸟类常常光顾此地，许多稀有脆弱物种也栖息于此，其中最著名的便是雪豹。20 世纪 60 年代，这种猫科动物一度消失于萨加玛塔尼泊尔区域的四个山谷，直到 20 年后，才有人目睹其离开西藏。但研究人员最近证实，雪豹已经在 21 世纪初永久回归其栖息地，其生活区域约占国家公园总面积的十分之一。它们偏爱陡峭的岩石地区，最喜欢的猎物喜马拉雅塔尔羊也生活于此。

第 128 页 乔拉杰峰，海拔 6 440 米，以东坡阴影下的湖泊命名，该湖泊流经山口，与珠穆朗玛峰大本营遥遥相望。“乔”意为“湖”，“拉”意为“通过”，“杰”意为“山峰”。

第 128-129 页 阿玛达布拉姆峰上，尼泊尔经幡飞舞，黄嘴山鸦掠过雪山，云雾弥漫。峰高 6 812 米，为都德科西山谷（Dudh Koshi Valley）主要景观。

第 130-131 页 图片中央是努布策峰，其主峰努布策峰 I（右）海拔 7 861 米。峰群坐落于洛萨峰（Mt. Lhotsa，8 516 米）和珠穆朗玛峰（8 848 米）之间，东北方向与珠峰直线距离为 2 千米。

公园简介

- **地理位置**：尼泊尔昆布
- **交通信息**：从卢卡拉徒步两天到达，或从加德满都乘飞机前往
- **建立时间**：1976 年
- **动物资源**：28 种哺乳动物（包括麝香鹿、牦牛、喜马拉雅棕熊、小熊猫、喜马拉雅狼等），152 种鸟类（包括喜马拉雅雉、血雉等）
- **植物资源**：桦树、刺柏、松树、杜鹃花、苔藓和地衣
- **著名步道**：珠峰观景徒步线路（Everest View Trek），以及最著名的珠峰大本营徒步线路
- **气候条件**：从亚热带高原气候到极端高山气候
- **建议游玩时间**：10 月至 11 月、3 月至 5 月

桂林漓江国家公园
（Guilin and Li River National Park）
中国

桂林平地拔起的各座山丘，长满了郁郁葱葱的树木，形状各异，令人惊叹不已，连名字也异彩纷呈：有叠彩山、象鼻山（“鼻子”在水里）、五虎擒羊山（Hill of the Five Tigers Hunting a Goat）、骆驼山（也叫单峰骆驼山，从不同角度可以看到一个或两个驼峰）等。山峦形成于水蚀，从冲积平原上拔地而起，又被幽幽溪涧阻隔开来，像一座座高达 200 米的塔。有时这些石头聚集在一起，形成一片片石林，这种景观称为“峰林”，不仅是桂林市周围，甚至城市里也常见此景。有时，这些石头也会一簇簇地生长在不起眼的岩石地基上，最终变成高 100~300 米的锥形山峰，形成“峰丛”，多见于漓江两岸。漓江最出名的江段长 80 千米，流域面积超过 5 180 平方千米，从桂林市中心流到阳朔小镇，穿过喀斯特地貌，沿岸竹林片片，垂柳迎风摇摆。

要形成这种独特的景观，有四个不可或缺的条件。首先是碳酸盐岩，桂林的泥盆纪石灰岩就属于这种岩石，其形成于海洋深处，早在三叠纪时期，鱼龙和幻龙便生活于此。第二是抬升过程，在桂林，这一过程由亚欧板块与印度洋板块碰撞引发，目前速度已经达到每年 15 厘米，十分惊人。第三是没有冰川活动，让其他因素可以在数十万年间不断产生影响。最后是热带气候，一旦植物没有了冬季休眠，土壤便会不断产生二氧化碳，为岩溶作用提供必需原料。此外，该地区水流丰富，让岩溶过程和河流溶蚀过程（地质学称之为流水喀斯特作用）得以同时发生，而通常情况下，这两种过程并不会同时发生。在桂林，前者作用形成溶坑，后者作用则形成山谷和平原，将丛丛“锥体”和“牙齿”分隔开来。高温的影响也十分重要，因为高温会加速溶解与再沉淀的化学反应。这种腐蚀大部分发生在第四纪，作用极快，范围很广，会大量侵蚀裸露在外的岩石表面，同时将那些在欧洲无法形成的巨大洞穴暴露在外。这种洞穴里面有快速再沉淀形成的石笋林和钟乳石林，令人印象深刻。例如著名的芦笛岩洞，位于光明山南侧，全长 240 米，遍布着石笋、石柱、石幔等，还有鸟形和植物形的岩石，每个石头都有自己的名字。其余的都是人造景观，有水牛耕地、鸬鹚捕鱼（现在对游客开放）等。古往今来，无数诗歌赞叹于桂林山水的精妙绝伦，无数画作又将桂林的风光描绘得更加宁静而浪漫。

第 133 页 日落时分，鸬鹚捕鱼。鸬鹚捕鱼是历史悠久的中国传统，渔民把一根绳子系在训练有素的鸟的脖子上，防止它吞下捕获的鱼，随后把鱼带回船上。

公园简介

- **地理位置**：中国广西壮族自治区
- **交通信息**：从桂林市出发
- **占地面积**：200 000 公顷
- **建立时间**：1982 年
- **动物资源**：普通翠鸟、白顶鵖、八哥、红尾水鸲、白鹡鸰、白头翁、金翅雀、灰腹绣眼鸟、领雀嘴鹎、山麻雀、优鸦山鹪莺
- **植物资源**：银杉、兰花、中国肉桂
- **气候条件**：亚热带湿润气候
- **建议游玩时间**：4 月至 10 月

第 134-135 页 漓江发源于猫儿山，总长 473 千米，从喀斯特地貌之间穿行而过，连通桂林市区和阳朔小镇，人们常将该地环境与越南下龙湾相比较。若来此地游玩，一定要体验坐一叶小舟沿漓江顺流而下的惬意。

公园简介

- **地理位置**：中国湖南省
- **交通信息**：从常德市出发（约 150 千米）
- **占地面积**：4 800 公顷
- **建立时间**：1982 年
- **动物资源**：穿山甲、红胸角雉、红腹锦鸡、原麝
- **植物资源**：雨林、板栗树、银杏树、红豆杉、鹅掌楸
- **著名步道**：均位于公园五大风景区（袁家界、黄石寨、鹞子寨、金鞭溪、杨家界）的高原和山谷中，邻近的天子山也有分布
- **气候条件**：亚热带气候
- **建议游玩时间**：全年

张家界国家森林公园

（Zhangjiajie National Forest Park）

中国

不难想象，这些高耸于云层之上的天柱就是电影《阿凡达》中一座座悬在云霄的浮山的原型。这片石英砂岩柱陡峭异常，坐落在森森绿海之中，仿佛不受地心引力束缚，令人叹为观止。这样的柱子有 3 000 多根，耸立在武陵源地区，那里历史悠久，风景秀丽，武陵源峰林占地 26 000 公顷，张家界国家森林公园和邻近的天子山均位于此。南天一柱是公园的标志，后来为迎合旅游市场而正式更名为《阿凡达》的哈利路亚山，高 150 米，位于海拔 1 000 米的黄石寨地区。园内高峰数不胜数：观景平台四下皆是绝壁，四周环绕着高耸的山峦和深谷，雄伟的石柱林立其间。山峰的名字也令人叫绝，比如迷魂台，当地传说，到达那里的人都会被美妙的景象所吸引，浮现在云雾中的天柱，就像群岛中的岛屿一样，让游客流连忘返。园内还有天下第一桥，长 25 米，宽 2 米，厚 5 米，这是一座天然形成的桥，走在上面，人们尽可欣赏葱茏山谷的壮美景色。还有百龙天梯，搭乘它可以到达高 335 米的袁家界，透过玻璃幕墙，游客可以欣赏神兵聚会，该景观由 48 座石峰组成，看起来就像排列整齐的士兵。公园东南以金鞭溪为界，这条溪流清澈见底，蜿蜒 6 千米，穿过茂密的森林，两侧尽是数百英尺高的陡峭悬崖。

据推测，西汉早期战略家张良的陵墓也位于此地。传说他离开朝廷后，就隐居在群山之中，也有人说他的后代一直住在这里，张家界也因此得名，意即“张家的领土或故乡”。无论张良是否曾居住于此，现在可以确定，这里已经由猕猴所“管辖”，无论是黄色猕猴、蓝色猕猴，还是数量已经超过 3 000 只的恒河猴，都常出没于此。另外，濒危物种中国大鲵也生活于此。中国大鲵是世界上最大的两栖动物，被列入世界自然保护联盟濒危物种红色名录，其在夜间捕食，身长可达 1.5 米。这里的森林生长着各式各样的裸子植物，包括巨型红杉近缘植物的许多品种。水杉曾一度被认为已经灭绝，直到 1948 年人们在此“重新发现”了它们。还有被子植物，包括珙桐，其因白色大苞片而得名手帕树，那些苞片就像布片，遮住了本就较小的花。人们认为这种植物直接来自上白垩纪，因而将其称为活化石。

第 136-137 页 张家界森林区域每年降雨量超过 1 500 毫米，平均气温约为 16 摄氏度，物种丰富，树木种类达 517 种。

第 137 页 恒河猴，属于猕猴属，广泛分布在中亚、南亚和东南亚等地区，能够适应完全不同的栖息环境，通常成群活动。

克罗诺基自然保护区
（Kronotsky Nature Reserve）
俄罗斯

2007年6月3日下午早些时候，一座山坡发生坍塌，倒进伏多帕德尼（Vodopadny）冰川的激流之中。水流裹挟着泥土和碎石以每小时近40千米的速度冲进峡谷，发出震耳欲聋的轰鸣声，坍塌区延伸至间歇泉河（Geyser River）流域的尽头。紧接着又开始了新一轮山体滑坡，速度更快，泥浆湿度也更低，止于距离护林站和直升机降落台的几码处。克罗诺基自然保护区没有直达道路，人们只能乘坐直升机到达那里。待到一切重归平静，伏多帕德尼河与间歇泉河的汇合处已被一座大坝阻断，变成了一个湖泊。间歇泉谷（Valley of Geysers）全长8千米，其中近2千米已经消失在厚厚的地幔之下。1941年，苏联地质学家塔季扬娜·伊万诺夫娜·乌斯蒂诺娃（Tatyana Ivanovna Ustinova）发现这里时，曾见到间歇泉和冒着热气的温泉，而山体滑坡过后，这些已不复存在。一些间歇泉已掩埋在泥土之下，其他的则已经沉入生活着藻类和无脊椎动物的新湖之中。有的温泉已经堵塞，也有的成了新的间歇泉。

无论如何，时间慢慢“冻结”了这场巨型山体滑坡所带来的影响，而新形成的景观则一跃成为世界上最令人惊叹的地热储层和盆地之一。在40多个间歇泉中，最壮观的两个分别为：威利坎（Velikan）——每六个小时“发射”一股高达25米的水流，持续一分钟；以及格罗特（Grot）——每次流出60吨水，每年一到两次。几英里（1英里约等于1.609千米）外便是4万年前形成的乌宗火山口（Uzon Calder），这里温度奇高，在泥潭、热湖和上千个温泉中，人们发现了多达65种矿物质［包括仅在该地区发现的油雌黄（As_4S_5）］，还有公园内唯一的两栖动物——极北鲵，以及已经适应这里环境的特殊微生物。这里的环境极端到有时会致命，例如距离间歇泉河几英里（1英里约等于1.609千米）的死亡谷（Valley of Death），长约2千米，弥漫着一种特殊的气体，每年有数十只动物因此死亡。

这里共有26座火山和46座冰川，浩瀚的河流奔流而过，深不见底，还有800只体形庞大的棕熊，数量达到欧亚大陆上受保护种群之最，一切都散发着威武的气息，令人肃然起敬。尽管如此，以完美对称的成层火山命名的克罗诺基公园环境却十分脆弱。同样脆弱的还有那些“迷人”的冷杉树，目前只保留下来小片森林，它们可能是如传说所言，由“古代水手”种植在此，抑或如科学家力图证实的那样，安然度过了冰川时代。还有紫貂，由于毛皮珍贵，猎人几乎将其捕杀殆尽。1882年，为了防止紫貂灭绝，人们在克罗诺基湖（克罗诺基保护区的原始核心地带）周围设立了保护区。同样濒危的还有主要栖息于克拉舍宁尼科夫火山山坡上的雪羊。这种生物在堪察加半岛已濒临灭绝，但在市场上仍有买卖。

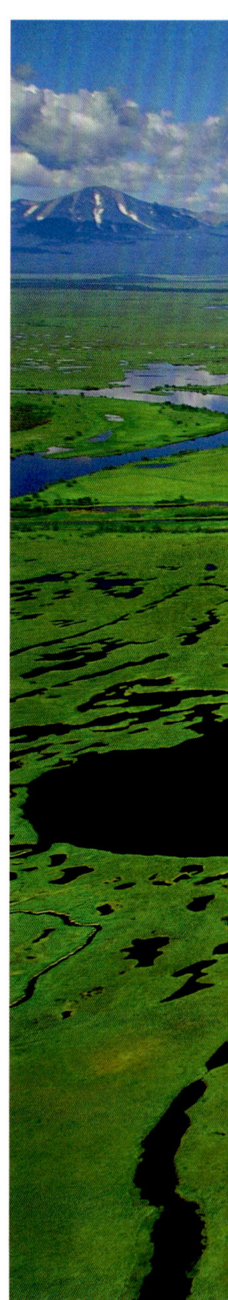

第138页 乌宗火山口，直径约10千米，表面积为150平方千米，下方岩架高达800米。该区域既有沸水池，又有结冰水域，与外界完全隔开。

第138-139页 茹帕诺瓦河拥有堪察加半岛数量最多的虹鳟鱼，有些体重近9千克，同时还孕育了五种鲑鱼和两种河鳟。

公园简介

- **地理位置**：俄罗斯堪察加半岛
- **交通信息**：从堪察加彼得罗巴甫洛夫斯克城出发（约 230 千米）
- **占地面积**：1 147 619 公顷（其中 135 000 公顷为海域）
- **建立时间**：1934 年
- **动物资源**：土拨鼠、鼠兔、北极地松鼠、北海狮、环斑海豹、野生驯鹿、堪察加鼩鼱、狼、狼獾，234 种鸟类，红鲑鱼、虹鳟鱼、水獭
- **植物资源**：苔原；767 种维管植物，其中 37 种为稀有植物
- **著名步道**：由导游带领，在间歇泉谷和乌宗火山口进行为期一天的徒步，或进行三天徒步旅行，在护林员基地住宿
- **气候条件**：亚北极气候
- **建议游玩时间**：7 月至 9 月
- **有关规定和其他信息**：由于环境脆弱，保护区仅对研究人员和限量游客开放

第 140 页 该地区生活着堪察加棕熊，它是棕熊的一个亚种，身形与生活在阿拉斯加的科迪亚克棕熊非常相似。二者都喜欢富含蛋白质的食物，刚好河流中有大量的鱼类，因而二者体形都很庞大。

第 140-141 页 一只熊正经过间歇泉谷的孔雀石窟（Malachite Grotto）。因为克罗诺茨基自然保护区人迹罕至，所以这里生活着俄罗斯种群数量最多的棕熊。到了春季，公园当局会限制进入间歇泉谷等地区的人数。

第 142-143 页 克罗诺基成层火山呈现出完美的圆锥形，高 3 527 米，生动地展现出辐射状排水系统的样子。人们曾认为该火山已经不再喷发，但当地相关部门表示，它在 1922 年曾有过喷发迹象。

公园简介

- **地理位置**：日本本州岛中部地方
- **交通信息**：从东京出发（约 100 千米）
- **占地面积**：122 700 公顷
- **建立时间**：1936 年
- **动物资源**：日本髭羚、西藏棕熊、狐狸；富士山拥有四分之一的日本鸟类
- **植物资源**：苔藓和桦树地衣；柳树、山毛榉、雪松、日本枫树、樱花树和富士树；竹子、杜鹃花；佐久拥有世界上最大的百合，伊豆群岛拥有山茶花
- **著名步道**：共有 4 条富士山登山步道
- **气候条件**：富士山为高山气候，伊豆群岛为亚热带湿润气候
- **建议游玩时间**：全年
- **有关规定和其他信息**：日本官方建议游客于 7 月和 8 月登上富士山；其他月份虽未明令禁止，但官方建议尽量不要在此期间攀登

富士箱根伊豆国立公园（Fuji-Hakone-Izu National Park）

日本

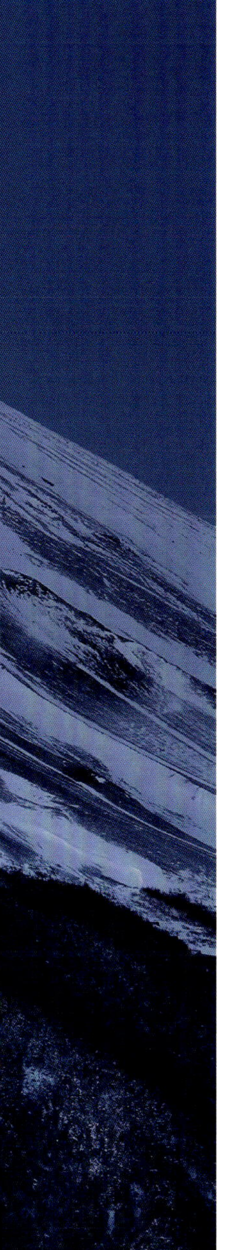

据说，日本有位伐竹翁在竹心发现了一位美丽的公主，名为辉夜姬，皇帝见过后，疯狂地爱上了她。她来自月球，也必须回到月球，临行前，她给了皇帝一壶长生不老药。失去了美丽的公主，皇帝并不想长生不老，于是便在王国最高的山顶上烧毁了药水。这个故事名为《竹取物语》，流传于10世纪，人们普遍将其看作日本最古老的文学作品。该故事也解释了富士山其名的确切含义：永生。日本这座火山在古代十分活跃，顶部常常飘散着烟雾，传说中那便是来自永世燃烧不尽的药水。但实际上，环绕着山顶的“烟雾”是云，温暖湿润的空气上升到山坡上，形成了这样的云层。

这座圆锥形的火山外表几乎完全对称，上一次喷发可以追溯到1708年，从那时起，它就处于休眠状态，甚至连19世纪最伟大的日本艺术家葛饰北斋都没能亲眼看见它爆发。传统观念认为，这座山是永生之源，也正因如此，葛饰北斋痴迷于富士山，在两个系列的木刻版画中数十次描绘了富士山，对其各个角度、远近距离，以及四个季节均有绘制。比如，在他最著名那副木刻作品《神奈川冲浪里》中，这座山总是白雪皑皑。的确如此，富士山海拔3 776米，山体上半部分每年有十个月都覆盖着白雪。只有在7月和8月，那白色的帷幔才会掀起，人们才得以借由徒步旅行者和神道朝圣者所建造的坡道登上山峰，那些朝圣者每年至少进行一次传统朝圣。据说火山也会储备纯净水源，如果此言为真，富士山便更加“神圣”。水从多层熔岩的裂缝中喷涌而出，形成宽200米的“面纱”，就像白丝瀑布一样；还形成了柿田川等清澈透明的河流，为附近的数十万居民提供饮用水。

作为日本的象征，富士山最受欢迎，但公园内还有许多其他旅游景点。例如，富士山正北面有富士五湖，由于火山喷发，岩浆阻塞了河流，将曾经最大的盆地分隔开来，那里的本栖湖、西湖和精进湖曾属同一片水体，目前其地下仍然相连。另一个景点是箱根地区的大涌谷，其硫黄喷口会喷出硫黄蒸气。该谷因温泉而闻名，人们在这里煮鸡蛋，煮熟后，蛋壳会变黑并散发出硫黄味，但当地传统认为，吃一个这样的鸡蛋可以多活七年。最后并入国家公园的是以天城山为“支柱”的伊豆半岛，以及伊豆群岛的八个岛屿。在黑潮的作用下，菲律宾海淡水与鱼类储量丰富，因此自古以来就有人居住于此。这片土地几乎不停地发生地震，不过火山喷发与地震频发已经成了当地居民日常生活的一部分。

第144-145页 富士山核心为安山岩，外层覆盖着玄武岩。其结构形成于火山活动的四个不同阶段，最后一阶段发生在10 000年前。火山位于菲律宾板块俯冲到欧亚板块下方的点。

地狱谷野猿公园
（Jigokudani Monkey Park）
日本

对于日本猕猴来说，泡温泉这个习惯并非由来已久。这种猴子是除了人类以外日本唯一生活在高纬度寒冷地区的灵长类动物，甚至在地狱谷以北700千米处，本州岛北端的下北半岛也有所分布。它们通常用其他方式取暖，例如天气太冷时，即使身上有着厚厚的皮毛，它们也会互相拥抱取暖。然而大约50年前，猴子们在地狱谷学会了一个新招式：它们会在温泉中沐浴，就像人类一样。

从公园成立之日起，这些猴子就每天光顾此地，工作人员每天喂食它们几次。对此，动物行为学家的推测与当地人看法一致，即一只青年猕猴第一个跳进了温泉中，泡温泉让其十分愉快，其他猕猴也纷纷开始效仿。因此，公园管理层决定为这些尾巴极短、表情丰富、面色粉红的生物建造一个约50平方米的水池，并在落叶松与雪松之间铺设一条长达2千米的道路，通向水池。每天清晨，便有大约200只猕猴成群结队地从长满山毛榉和橡树的原始森林中出来，攀下陡峭的山谷悬崖，在水池里享受着美好时光。这里每年有四个月都白雪皑皑，因此它们还不时玩玩雪球。傍晚时分，猕猴们回到森林，第二天一早又回到水池。这种奇观只发生在寒冷季节，一旦温度升高，猴子们便觉得不再需要靠温泉取暖了。很明显，它们不是在水池中洗澡，但会在进食前清洗食物，这是另一个后天养成的习惯，也正是这一点将这些猕猴与其“表亲”区分开来。

猕猴的这种“表演”也只在地狱谷进行。在那里，冰冻的土地上随处可见喷涌而出的热气泉，山坡陡峭，与植被夹成狭窄的区域，从中冉冉升起寒冷而浓重的雾气，似乎想将人猎杀殆尽，因此得名地狱谷。从志贺高原流下的横汤川冲刷形成了这一山谷，目前属于上信越高原国立公园的一部分，该公园占地189 000公顷，既有活火山，也有休眠火山，其中最活跃的是浅间山、妙高山和草津白根山（草津白根山以青绿色的高酸度温泉而著名）。三座山海拔都超过2 000米，均被日本著名登山小说家深田久弥写进著作《日本百名山》之中。20世纪80年代，深田久弥根据日本各山美景与海拔编写此书，一经上市便大获成功，刺激了日本徒步旅行业发展。谷川岳也在书中，尽管其高度适中，只有1 977米，但从20世纪30年代至今，其登山遇难人数是珠穆朗玛峰的四倍，也因此而广为人知。

上信越高原国立公园成立于1949年，位于长野市北部。公园中栖息着少量岩雷鸟，经常出没在高山草甸和林线以上的石区。园内还生活着大量日本鬣羚，在鹿科动物中，它们相当精壮敦实，体形为日本最小。这种鬣羚是本州岛、四国岛和九州岛的特有物种，生活在海拔850米的地狱谷地区。它们生有厚实的皮毛和短短的角，生活在茂密的树林中，喜欢“紧贴”着岩石，用眼眶前腺体的分泌物标记领地。

第146-147页 日本猕猴为母系氏族，雌性永远不会离开其出生群体。一个日本猕猴氏族可能由几个家庭组成，按照等级划分尊卑，一般包括雄性。

公园简介

- **地理位置**：日本本州岛中部
- **交通信息**：从长野县出发（约 40 千米）
- **占地面积**：3.5 公顷
- **建立时间**：1964 年
- **动物资源**：花鼠、日本貉亚种、獾、松貂、日本鼬、日本小鼯鼠；日本蝮蛇等毒蛇
- **植物资源**：榉树
- **气候条件**：大陆性湿润气候，夏季凉爽，冬季严寒
- **建议游玩时间**：全年，1—2 月最佳

第 148 页 雌性猕猴通过梳理毛发来保持社会关系和群体团结，同时保证良好的卫生。它们会教幼崽如何为自己梳理毛发，有时也帮助成年雄性清理毛发，目的主要是吸引其他雄性。

第 148-149 页 雄性猕猴会在成年之前离开家庭。在加入另一氏族前，它可能会加入其他年轻雄性群体，争夺领导权。与占主导地位的雌性发生关系能够保证雄性的领导地位。

第 150 页 年轻的母亲总是离群索居。在刚生产完的四个月里，她们把幼崽抱在肚子上，然后放在背上背着，一直到幼崽约一岁时。之后，她们会逐渐恢复社交生活。

第 150-151 页 猕猴幼崽 3~4 个月大时，已经完全具备了运动能力，18 个月大时将完全断奶。同龄的雄性喜欢待在一起，而雌性则愿意与所有猕猴互动。

公园简介

- **地理位置**：印度尼西亚小巽他群岛
- **交通信息**：从巴厘岛登巴萨、弗洛勒斯岛拉布汉巴焦或松巴哇岛比马出发
- **占地面积**：181 700 公顷
- **建立时间**：1980 年
- **动物资源**：72 种鸟类，1 000 种鱼类，14 种鲸鱼和 10 种海豚；260 种珊瑚，70 种海绵；9 种石龙子，12 种蛇；当地特有种林卡大鼠（Rinca rat）
- **植物资源**：多刺的稀树草原植物、热带森林、红树林
- **气候条件**：热带草原气候
- **建议游玩时间**：4 月至 10 月；对于潜水员来说，海里能见度最高的时间为 11 月到次年 1 月

科莫多国家公园
（Komodo National Park）
印度尼西亚

1858年7月1日，进化论中的自然选择学说正式诞生。当日，伦敦林奈学会召开会议，向会员宣读了两篇科学论文：第一篇摘自查尔斯·达尔文历时20多年的研究手稿，另一份由达尔文的后辈、英国博物学家阿尔弗雷德·拉塞尔·华莱士（Alfred Russel Wallace）一气呵成。机缘巧合之下，前者名扬四海，后者却鲜为人知。然而，华莱士被誉为"生物地理学之父"。生物地理学研究动植物地理分布及其产生机制。华莱士在东印度群岛考察新物种时，形成了自己的理论，认为在东南亚和澳大利亚的生物地理分布区之间，存在一条无形的边界，清晰地将两地分布的动物区别开来。因此，婆罗洲与苏拉威西岛分属两地，巴厘岛与龙目岛也分隔开来。这条"边界线"正位于两个大陆架的交汇点，但是直到20世纪，构造理论才发展起来。他将紧贴"断层"东边的区域定义为华莱士区，由一些岛屿组成，主要归属于印度尼西亚。这里是亚洲和澳大利亚之间的过渡带，两大洲的特色物种在此和谐共生。科莫多岛就是上述岛屿之一，岛上既生活着食蟹猕猴和水鹿等亚洲哺乳动物，也生活着澳大利亚本土哺乳动物，还有鸟类和蜥蜴，如小冠凤头鹦鹉、盔吮蜜鸟、橙脚塚雉，以及小石龙子。

当然还有令该岛名声大噪的大型科莫多"龙"。这种动物来自巨蜥属，人们认为它是更新世时期灭绝的巨蜥（主要生活在澳大利亚）的遗留物种。目前，岛上生活着5 700条科莫多巨蜥，主要分布在园内的科莫多岛和林卡岛，在吉利群岛和弗洛勒斯岛也能见其踪影，帕达尔岛上却一只也没有。这些巨大的蜥蜴身长可达3米，体重可达70千克，寿命长达30年。它们还有一套独一无二的群体狩猎方式，喜欢埋伏起来，等待着最喜欢的猎物——水鹿，但其实它们各种动物都吃，无论死活均纳入腹中。1995年以前，印度尼西亚群岛的居民会将捕获的动物肉喂给这些蜥蜴，或者为了祭祀它们而宰杀一只山羊，所以当时人类和科莫多巨蜥之间关系友好，互不畏惧。但自此类行为被禁止以来，这些蜥蜴就变得更有攻击性。它们早已习惯了不费力地寻找食物，因此会闯进村庄，对着牲畜大快朵颐。此外，它们还是"机会主义者"，喜欢将蛋产在橙脚塚雉的巢穴中。橙脚塚雉体形如鸡一般大小，其巢穴保暖性强，通风良好，含有大量潮湿的有机物，分解时会产生恒定的热量。

陆地上的事就说到这里，接下来是海洋。海洋占据了科莫多国家公园67%的面积，更确切地说，这里并不仅指一个海洋：公园北临太平洋，南临印度洋。因此，海洋中也存在一个"过渡带"，印尼贯穿流力量强大，将来自太平洋的海水带到印度洋中，把这里打造成具有生物性的海洋边界。因此，两个世界再次于海洋中相遇。

第152-153页 科莫多巨蜥的黄色舌头分叉很深，牙齿上包裹着牙龈组织，咀嚼时很容易被撕裂，因此嘴里满是细菌。

第153页 科莫多岛表面积为390平方千米，海岸线长达158千米，群山低矮，海拔最高不超过900米。

夏威夷火山国家公园
（Hawaii Volcanoes National Park）
美国 · 夏威夷

火山学家从夏威夷语中借用了两个术语，用于专业词汇中来表示不同的熔岩流：结壳熔岩（Pahoehoe lava）中的Pahoehoe意为“光滑”，而渣块熔岩（aa lava）中的aa则意为“粗糙”。在第一种情况下，易流动的熔岩表层凝固，看起来十分光滑或呈“拉丝状”，即表层发皱的壳由下方熔岩的快速流动所形成。第二个术语描述的是块状熔岩，其凹凸不平的坚硬外壳（“渣块”）形成于热材料的破坏作用，这种情况下熔岩的流动速度要慢得多。夏威夷人为所有与火山口和火山喷发相关的事物都命了名，这是因为，他们世代生活在夏威夷－帝王海山仅露出水面的一小部分区域。这座海底山脉约7000万年前开始成形，在太平洋底部绵延5 800千米，而这片波利尼西亚群岛则只由山脉的一小部分隆起构成，形成时期相对较晚。冒纳罗亚火山海拔4 169米，是世界上体积最大的活火山，如果算上其底部在海洋中5 000米的深度，就是世界上海拔最高的活火山。据推测，这座火山大概40万年前开始形成。基拉韦厄火山海拔1 247米，自1983年以来便不断喷发。10万年前~5万年前，其浮出海平面。由于结壳熔岩流不断在山侧积累，这两座盾状火山也在不停上升。两座火山部分位于公园内，从公园边界延伸至夏威夷岛南部。夏威夷岛还有一个更广为人知的名字：夏威夷大岛，它是夏威夷群岛中最年轻的岛屿。此外，这里还是世界上科研人员最关注的热点之一，研究表明，形成这座岛屿的五座火山不断喷发，其规模也因此不断扩大。

保护区的中心基拉韦亚火山形貌壮丽：热带雨林郁郁葱葱；岩浆从普乌欧欧（Pu‘u O‘o crater）火山口涌出，绵延数英里（1英里约等于1.609千米）流入海洋，炙热的岩浆让水沸腾；硫质喷气孔随处可见；干旱的玄武岩土地上长满了植被；一条具有500年历史的熔岩管道横贯此地；一座已经凝固了50多年的熔岩湖仍蒸汽缭绕；还有“永恒火焰之乡”哈拉玛乌玛乌火山口，其液体熔岩湖也位于此。根据夏威夷神话传说，火与光的女神佩蕾便居住于该火山口处，她既是创造者又是毁灭者，反复无常却热情如火，也正是她让火山喷发。

这里的动植物也很独特。距离夏威夷群岛最近的大陆块远在3 000千米之外，从地理角度看，这是地球上最孤立的群岛。因此，这里地方性特色十

第154页 普乌欧欧是基拉韦厄火山最活跃的火山口。自1986年1月3日以来，岩浆就不断从火山口、喷气口以及周围的裂缝中涌出，喷发过程在过去两个世纪中持续时间最长。

第154-155页 熔岩从国家公园的东部边界呈扇形流向东南方向。三十年来，连续不断的熔岩流开辟出200公顷新土地。

分突出，甚至比科隆群岛更甚。早在500万年前，群岛中最古老的考艾岛开始出现时，就有动植物开始生长，后来便在没有外部干扰的情况下进化。因此，本地有90%的动植物只生活在这里。然而，由于与岛上引进的外来物种发生了竞争，许多物种濒临灭绝，包括一些极其稀有的夏威夷旋蜜雀，它们缤纷多姿，属于雀形目鸣禽。对于如此偏远的夏威夷群岛来说，这类鸟的数量与种类非常丰富，这也是夏威夷的一项纪录。

公园简介

- **地理位置**：美国夏威夷岛
- **交通信息**：从希洛市出发（48千米）
- **占地面积**：134 800公顷
- **建立时间**：1916年
- **动物资源**：23种鸣禽（包括夏威夷旋蜜雀等），夏威夷黑雁、夏威夷圆尾鹱（Hawaiian petrel）、夏威夷鵟（Hawaiian hawk）、夏威夷灰白蝙蝠（夏威夷本土的两种哺乳动物之一）、笑脸蜘蛛、夏威夷食肉尺蠖（*Eupithecia staurophragma*，carnivorous caterpillar）
- **植物资源**：23种濒临灭绝的维管植物，包括15种树木
- **著名步道**：全长约240千米；三条人工铺设的路：火山口环线（Crater Rim Drive）、火山链路（Chain of Craters Road）以及冒纳罗亚路（Mauna Loa Road）
- **气候条件**：热带湿润气候、温带气候
- **建议游玩时间**：全年
- **有关规定和其他信息**：卡胡库地区仅在周末开放。由于二氧化硫浓度过高、熔岩流、山体滑坡等安全原因，某些区域可能会关闭

第 156 页 大量熔岩流快速流过 11 千米距离，向大海奔去。熔化的瀑布落入太平洋，海水随之沸腾。

第 157 页 熔岩在水下挤压，形成火山枕状构造。由于快速冷却，熔岩分裂成圆形团块或枕状结构，其外壳迅速凝固，形成玻璃质表面。

卡卡杜国家公园
（Kakadu National Park）

澳大利亚·北领地

卡卡杜国家公园占地面积几乎是瑞士领土面积的一半，园内栖息着 10 000 多只淡水和咸水短吻鳄，占北领地（面积是公园的 75 倍）所有鳄鱼数量的十分之一。另外，还生活着 280 种鸟类，约占澳大利亚所有鸟类数量的三分之一。园内的白蚁巢穴高达 6 米。每到雨季，整个公园就会变成一片巨大的沼泽地，点缀着株株睡莲。卡卡杜国家公园风景“夸张”：沿岸的滩涂边生长着广袤的红树林，腹地的山丘郁郁葱葱，到处生长着热带草原和季雨林，湿地星罗棋布，悬崖峭壁绵延数百千米。在这里，大自然的杰作恢宏壮美，但人类文明也不甘落后。数以千计的考古遗址在此出土，用独特的方式讲述着澳大利亚土著文明的演变过程，这一文明由在当地已经生活 50 000 年的原住民所创造，一直延续至今。如今，这片土地属于阿纳姆地，由原住民政府管理，居住着 19 个比宁基－蒙盖伊族（Bininj-Mungguy）部落，负责公园的管理工作。该地区的石刻诞生于当地文化，见证着当地文化，数量当属世界之最，成为流传至今最古老的历史遗迹之一。专家们对最早的岩画绘制时间意见不一，但最可靠的推测为大约 2 万年前。这一点从画中所出现的已灭绝动物中可见一斑，例如袋貘，体形如熊一般巨大，属于食草动物，可能与袋熊有亲缘关系，存活了数百万年，灭绝于中新世晚期。

沿着悬崖、峡谷和孤立的岩层，可以欣赏到土著艺术，它分为三个时期。首先，在冰河世纪末，前河口（Pre-Estuarine）艺术开始期蓬勃发展，大约 8000 年前结束，其三个主要特征分别为手印、抽象物体以及戴着大头饰且手持回旋镖的人物形象。其次，在“河口”时期（‘Estuarine’ period，8000~2000 年前），食物更加丰富，从画中出现的甘薯和恩格鲁亚得（Ngalyod）便可知晓，恩格鲁亚得是彩虹蛇，根据土著神话，它属于梦幻时代的第一批生物，在世界诞生之前就已存在。“X 射线画”也出现于这一时期，由此推断，描绘骨骼和器官的技术已经发展了数千年，早在 4000 年前，土著艺术家就能够完整且详尽地绘制人类和动物的“X 光片”。最后是淡水时期（Freshwater period），始于大约 2000 年前，至今仍然蓬勃发展。在这一新的艺术形式中，淡水池塘和沼泽不断涌现，创造出新的生态系统，孕育了新动物，例如具有代表性的鹊雁；这个时期的人也在身上装饰着羽毛扇，带着长矛。在此期间，土著居民也开始与来自印度尼西亚苏拉威西岛望加锡市的渔民进行贸易往来，并首次与白人接触。最壮观丰富的岩画位于乌比尔等公园东北部地区，那里绘着无与伦比的“X 射线”岩画、彩虹蛇和白水牛猎人（可追溯至 1880 年）；还有诺尔朗吉岩，以及在南古鲁沃（Nanguluwur）绘制的宏伟帆船；在安班刚画廊，还能看到闪电人（Lightning Man）和艺术家纳永博尔米（Nayombolmi）在 20 世纪 60 年代创作的作品。

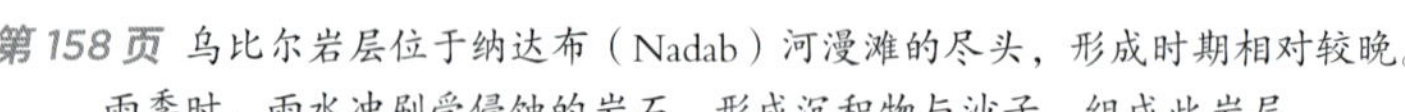

第 158 页 乌比尔岩层位于纳达布（Nadab）河漫滩的尽头，形成时期相对较晚。雨季时，雨水冲刷受侵蚀的岩石，形成沉积物与沙子，组成此岩层。

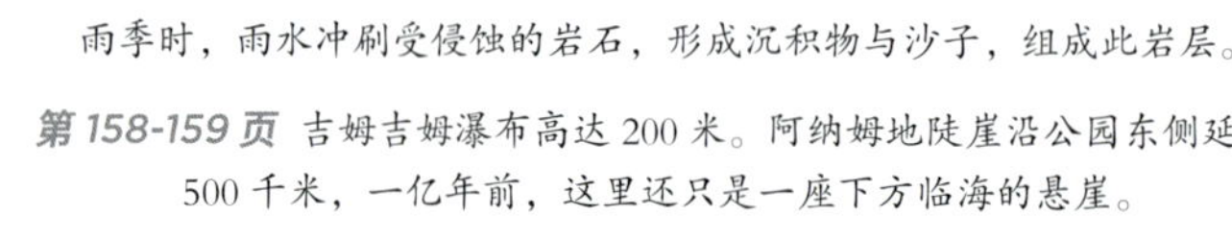

第 158-159 页 吉姆吉姆瀑布高达 200 米。阿纳姆地陡崖沿公园东侧延伸 500 千米，一亿年前，这里还只是一座下方临海的悬崖。

公园简介

- **地理位置**：澳大利亚北领地
- **交通信息**：从达尔文市出发（约 200 千米）
- **占地面积**：约 200 万公顷
- **建立时间**：1979 年
- **动物资源**：莱查特蚱蜢（Leichhardt grasshopper）、北澳袋鼬（northern quoll）、平背海龟、鸡冠水雉、裸眼岩鸠、澳洲鹤、鹊雁
- **植物资源**：2 000 多种植物
- **著名步道**：东阿利盖特地区的乌比尔步道；南阿利盖特地区的玛姆卡拉湿地步道；贾比鲁和黄水潭地区的沼泽步道；诺尔朗吉地区的诺尔朗吉岩步道；吉姆吉姆瀑布步道、双子瀑布步道和玛丽河地区的峡谷步道、瀑布步道和水池步道
- **气候条件**：热带草原气候
- **建议游玩时间**：全年，雨季从 11 月持续至次年 4 月，在此期间公园内许多地区都被雨水淹没
- **有关规定和其他信息**：在公园外探险或参观阿纳姆原住民地区须事先获得北部土地议会许可

第 160-161 页 黄水潭属于牛轭湖，形成于一条独立的溪流，蜿蜒曲折形成死水潭。水中盛开着粉色和白色的睡莲，沿岸生长着红树林、五脉白千层树和露兜棕榈。

第 161 页 湾鳄身长可达 7 米，重达 1 300 千克，常见于沿海水域和潮汐河流中，但也会沿着淡水水路向上爬到悬崖底部。

第 162 页上 沙大袋鼠是独居动物，但它们更喜欢在开阔的牧场上结伴出行，也更容易在那里遭遇捕食者。它们通常晚上进食，但雨季时也在白天进食。

第 162 页下 白蚁巢穴非常高，可达 6 米以上，造型类似大教堂，大部分位于公园南部，分布在通往同名峡谷的玛古克路（Maguk Road）沿线，该路尚未铺设。

第 162-163 页 五脉白千层（Naiouli trees，*Melaleuca quinquenervia*）可高达 20 米，原产于澳大利亚东部，属于桃金娘科植物。它们生长于湿地，可以在水中生根。

第 164 页上 乌比尔原住民所绘制的“X 射线”岩画包括各种动物，图中所示为袋鼠。当地人将矿物颜料用水稀释，调制出各种颜色：黏土和赤铁矿为红色，褐铁矿和针铁矿为黄色，高岭石和亨特石为白色，氧化锰为黑色。

第 164 页下 图中的白色人物是巴金（Barrginj），她是梦幻时代祖先那玛共（Namarrgon）的妻子。在她下方，一群衣着优雅的男女或许正要前往参加某个仪式。这一场景绘制于诺尔朗吉岩的安班刚画廊。

第 165 页 图中拿着长矛的人是马布优（Mabuyu），该画位于乌比尔。传说中，一个贪婪的人偷走了马布优用绳子串好的鱼。等到夜幕降临，他用一块巨石挡住了盗贼住的山洞，谁也逃不出来。

乌鲁鲁－卡塔丘塔国家公园
（Uluru-Kata Tjuta National Park）
澳大利亚 · 北领地

提到澳大利亚，人们脑海里最先浮现的画面之一大概就是：一块红色的巨石耸立在平坦的灌木丛中。这块巨石就是艾尔斯岩石，当地阿南古语称其为“乌鲁鲁”。1976年生效的《土著土地权（北领地区）法》将该岩石的所有权归还给原住民，因此自1985年以来，乌鲁鲁便一直是其官方名称。该文件属于首批将土地归还给前主人——本大陆原住民的系列协议，附带条件是：某些重点地区，例如国家公园，应长期由当地原住民与政府共同管理。澳洲内陆的另一个标志是奥尔加山，现在叫作卡塔丘塔。这片岩石群气势恢宏，由36个圆顶组成。阿南古人认为，这些圆顶看起来像“许多颗头”，这也是“卡塔丘塔”在阿南古语里的意思。以上两个著名景点相距约30千米，从地质学角度来说二者相互关联，但由于成分差异，形状不尽相同。乌鲁鲁是土著文化的圣地。这块砂岩含有大量长石，表面颜色源于含铁矿物的氧化。

而洞穴内壁则由于较少暴露在空气中，仍保持着原始灰色。艾尔斯岩石高348米，周长约10千米。卡塔丘塔则属于沉积岩，由沙子和泥浆粘住鹅卵石、花岗岩与玄武岩等岩石构成，表面积约为21平方千米，最高的那颗“头”——奥尔加山高546米，这片区域也以此山得名。无论何时，人们只能看到这两块巨石的一小部分，能见深度只有6千米。

这两处景观都形成于彼得曼山（Petermann Mts.）。该山脉有5.5亿年历史，因为受到细菌和藻类的侵蚀，极易崩塌。雨水将沉积物冲走，堆积在山脚下的阿玛迪斯盆地，这是地表的一个洼地，当时覆盖着浅海，其中一部分至今仍位于这片陆地之中。这里温度高达45摄氏度，因此巨大的阿马迪厄斯湖几乎总是将盐壳留在地表，而地下则储存着历史长达7000年的浓盐水。因此，乌鲁鲁主要由沙子组成，卡塔丘塔由石头组成，二者都属于冲积沉积物，先前都覆盖着海水，而后由于泥浆挤压，前者变成砂岩，后者变成砾岩。再次露出水面时，二者又经历了化学和机械的侵蚀过程。这里和沙漠一样，也存有水，当然量很少，也不常见。这里年平均降雨量为300毫米，生活着四种两栖动物，它们天生保水能力极强。比如，青蛙通常躲在沙子里，挖洞直达恒温地带。一旦雨水渗入洞穴，它们便知池塘和溪流已涨满水，因此都到那里进行繁殖。喝饱了水后，它们才会返回地下巢穴。

第166页 乌鲁鲁巨石上布满了洞穴、水池和特殊的圆形空洞侵蚀。在土著神话中，这些空洞是红蜥蜴塔吉（Tatji）在寻找嵌入岩石中的回旋镖时挖出的。

第166-167页 到2084年，澳大利亚国家与原住民共同管理此地的99年期限将到期，在此之前，游客可以爬上乌鲁鲁及其周围的岩石。但原住民不想让游客爬上巨石，因为那里是他们的圣地，且十分危险。

公园简介

- **地理位置**：澳大利亚北领地
- **交通信息**：从艾丽斯斯普林斯出发（约 450 千米）
- **占地面积**：132 600 公顷
- **建立时间**：1958 年（艾尔斯岩石于 1950 年开始受到保护）
- **动物资源**：21 种哺乳动物［包括红袋鼠、蓬毛兔袋鼠、黑侧岩袋鼠（black-flanked rock wallaby），南方袋鼹、菊尾袋鼬（brush-tailed mulgara）、金袋狸和澳洲野狗等］；73 种爬行动物，178 种鸟类
- **植物资源**：400 多种植物［包括刺槐、桉树、沙漠木麻黄等；稀有植物：光叶檀香；残遗植物：灯芯草、天使剑（angelsword）和长叶茅膏菜］
- **著名步道**：乌鲁鲁：基地步道；卡塔丘塔：瓦尔帕峡谷步道、风之谷步道
- **气候条件**：典型沙漠气候
- **建议游玩时间**：4 月至 10 月
- **有关规定和其他信息**：当地并没有明令禁止游客攀登乌鲁鲁，但原住民希望游客不要这样做，因为那里是他们的圣地，且十分危险。

第 168-169 页 传说中，卡塔丘塔的顶部居住着彩虹蛇王沃那比蛇，它总是蜷缩在一个洞里，定期通过峡谷和裂缝下山。人们猜想，巨石东侧的黑线就是它的“胡须”。

大堡礁海洋公园
（Great Barrier Reef Marine Park）
澳大利亚·昆士兰

想象一下，水下竟然会“下雪”，小片雪花有白有红，有黄有橙。每逢澳大利亚珊瑚大量繁殖之时，就会有这样无与伦比的壮观场面。那些尺寸巨大的珊瑚礁在全世界都无可比拟。大堡礁是地球上最大、最古老的生命结构体，总长 2 300 千米，宽 60~250 千米；面朝澳大利亚内礁处，海洋深 35 米，而在大陆斜坡边缘，朝海的外礁处，海洋深达 2 000 米。大堡礁由部分珊瑚虫堆砌而成，而只有大自然才知道，这些雌雄同体的珊瑚虫何时成熟，何时准备产卵与授精。这种行为需要精确考虑温度、月运周期、光照、潮汐大小和海洋含盐量等因素，每年只有一次，发生于旱季末的某个夜晚，从凌晨 3 点持续到早上 7 点；内礁一般发生在 10 月某次满月后一周内，外礁则一般发生于 11 月至 12 月之间。珊瑚的配子顺水流到海洋表面，在那里完成受精，形成一场“颠倒的暴风雪”。由此产生的幼虫名为浮浪幼虫，其连续漂浮数周后，在海底找到栖息之处，开始开垦新领地。

只有通过统计数据，我们才能了解这个海洋公园生态系统有多么复杂：它自约克角向东南延伸，纬度跨度为 14°，有着广袤的沿海栖息地，以及 600 个岛屿和 300 个环礁。数字中透露着该地的壮观之景：有软硬珊瑚 600 种、甲壳类动物 1 300 种、棘皮动物（包括海星、海胆、海参等）630 种，还有 3 000 多种软体动物和 100 种水母，如恶名远扬的箱形水母，其毒液致命性极强。七种海龟中有六种栖息于此，1 695 种鱼类、133 种鲨鱼和鳐鱼以及 14 种海蛇畅游其间。公园中还生活着 30 种海洋哺乳动物，其中包括世界上最大的儒艮种群之一，它们总是在 6 000 平方千米的海底草原上吃草，那里长满了种子植物。咸水鳄则常见于 2 000 平方千米的红树林中，半数以上的已知咸水鳄品种生活于此。

这里景色壮丽无比，生态环境重要性不言而喻，但现在它受到人类活动的影响，已经遭到了巨大破坏。耕作、疏浚以及倾倒垃圾（包括煤炭加工产生的废物等）造成的污染物径流是大堡礁退化的主要原因。另外，全球持续变暖导致水温升高，这也是大量珊瑚死亡的原因之一。因此，2015 年，联合国教科文组织建议将大堡礁列入《濒危世界遗产名录》。同年，澳大利亚政府还宣布了保护珊瑚礁的措施，承诺在未来十年内将污染减少 80%。然而环保组织认为，这些项目只是纸上谈兵。

第 170 页 黑尾真鲨名如其表，是印度洋—太平洋暖池区域分布最广泛的物种之一。它们常成群结队地出没于珊瑚礁之中，数量多达 20 头。

第 170-171 页 退潮时，惠森迪岛上的希尔湾成了一片白色沙滩，青绿色的河流蜿蜒穿行。除此之外，还有长达 7 千米、铺满纯白色石英砂的怀特黑文海滩。

公园简介

- **地理位置**：澳大利亚昆士兰
- **交通信息**：从麦凯汤斯维尔城的凯恩斯港出发
- **占地面积**：34 440 000 公顷
- **建立时间**：1975 年
- **动物资源**：215 种鸟类（包括白腹海雕、澳洲斑皇鸠和红燕鸥等）
- **植物资源**：500 种藻类；2 000 多种陆生植物（惠森迪岛上的植物最多，达 1 141 种）
- **气候条件**：热带草原气候与热带季风气候
- **建议游玩时间**：全年（夏季的 12 月至次年 2 月，水下能见度达到最佳）
- **有关规定和其他信息**：不同区域的保护程度不同，各种规定也不尽相同（保护区内规定最为严格）

第 172-173 页 大堡礁由近 3 000 个珊瑚礁组成，颇像一个迷宫。那些珊瑚礁一直生长到露出海面，形成一座座浅水“池”。珊瑚礁种类繁多，形成于 1800 万至 200 万年前。

第 173 页上 一株海鸡冠珊瑚（carnation tree coral，*Dendronephthya* sp.）在水中摇曳。其珊瑚虫有 8 个触角，没有钙质骨骼。软珊瑚有 100 多种，与硬珊瑚一起生活。

第 173 页下 黑斑石斑鱼重量可达 110 千克，生活在珊瑚礁区域内，喜欢待在 400 米深的海下河流与水下结构中。其领地意识很强，攻击性强。

公园简介

- **地理位置**：澳大利亚塔斯马尼亚岛
- **交通信息**：从霍巴特市出发（约 75 千米）
- **占地面积**：143 400 公顷
- **建立时间**：1916 年
- **动物资源**：塔斯马尼亚岛 12 种本土鸟类中的 11 种（包括绿水鸡等），2 种本土石龙子
- **植物资源**：433 种已知维管植物；只有一种落叶树：山毛榉
- **著名步道**：拉塞尔瀑布步道、高木步道（Tall Trees Walk）、费尔德山西部和费尔德山东部步道
- **气候条件**：温带海洋性气候
- **建议游玩时间**：全年（冬季可以滑雪）

费尔德山国家公园
(Mount Field National Park)
澳大利亚 · 塔斯马尼亚岛

袋狼因其背部条纹而得名塔斯马尼亚虎，有人声称在桉树的树荫下看到过它，有人断定自己发现了其踪迹，还有人曾听说见到它夜间在草原和沼泽中捕猎。研究人员和爱好者都不愿承认，袋狼已经永远消失，而事实是，这种世界上最大的肉食性有袋动物早已被正式宣布灭绝。1936年9月7日，塔斯马尼亚岛幸存下来的最后一只袋狼在霍巴特动物园死亡，这只袋狼捕获于费尔德山西坡起的佛罗伦萨谷。而这样悲惨的命运很可能会在袋獾身上重演。袋獾性格暴躁，通体呈黑色，食腐肉为生，体形与大狗一样强壮，现已濒临灭绝。1941 年，它才受到法律保护，而在此之前，其因令人恐惧的叫声和惹人厌恶的进食习惯而惨遭捕杀。另外，澳洲野狗也是导致其濒临灭绝的主要原因之一。今天，人们已经将澳洲野狗赶出塔斯马尼亚岛，以保护在此幸存下来的袋獾，但它们却因面部癌症和口腔癌而大量死亡。2012 年，首个针对这些有袋类动物的项目应运而生，旨在保护一个健康群体：十多只未受这类疾病影响的袋獾被转移到澳洲东南部海域的玛丽亚岛，岛上最古老的国家公园将继续保护袋獾。

自 2013 年起，该公园一直是塔斯马尼亚荒野世界遗产区的一部分（该区面积超过 150 万公顷，相当于塔斯马尼亚地表面积的 1/5），其生物多样性在澳大利亚几乎无地可及。高山植被得天独厚，山坡上生长着巨大的蕨类植物和高耸的桉树，丛林密布，令人叹为观止，与罗素瀑布并称“公园明星”。桉树是世界上第二高的树，仅次于红杉树，有些树龄 500 年的桉树高达 80 米。这些参天巨木吸收的二氧化碳量高于地球上所有植物，树上还栖息着各种鸟类，比如澳洲大陆最大的猛禽——楔尾雕等。此外，保护区内还生活着袋熊、鸭嘴兽、针鼹、稀有的东袋鼬和加氏袋狸，以及世界上最小的负鼠——侏儒负鼠，体长仅 7 厘米，体重 10 克。以上所有生物都生活在水蚀形成的丰茂环境中，那里到处可见湖泊、激流和瀑布，以及朱尼 - 佛罗伦萨复合岩溶地貌（Junee-Florentine karstic complex），该地貌形成的洞穴已探明了 500 个，其中包括尼格力（Niggly），深达 375 米，是目前澳大利亚已知最深的洞穴。芬顿湖和巴伦夫人瀑布流域也位于此，为霍巴特市提供着 20% 的饮用水，这清楚地表明，费尔德山国家公园一片生机勃勃。

第 174-175 页 拉塞尔瀑布位于公园的东部边界附近，瀑布后方的石头由来自海洋的粉砂岩块水平堆砌而成，可追溯到二叠纪时期，垂直面则由更坚固的砂岩组成。

第 175 页 红腹袋鼠［Tasmanian（或 red-bellied）pademelon，*Thylogale billardierii*］是塔斯马尼亚岛特有的小型有袋动物，生活在森林中，由于塔斯马尼亚岛气候寒冷，其皮毛比生活在澳洲北部的“表亲”要厚得多。

第 176 页 簇生黄韧伞成群生长，外观颇像蜂蜜蘑菇。在所有生长于木质基材上的物种中，它的分布最为广泛。
公园内生长着近 300 种蘑菇和真菌，还存在着小气候和专门生长地，因此，我们仍需进一步了解这些植物及其生活环境。

第 176-177 页 走在高木环道（Tall Trees Circuit）上，游客可以欣赏巨大的桉树与花楸。桉树是世界上最高的被子植物（红杉是裸子植物，不开花），花楸则属于阔叶树，原产于塔斯马尼亚岛，那里生长着 10~15 棵高达 90 米的花楸树。

第 178 页 塔斯马尼亚高山黄桉的树干为锥形，厚厚的树皮呈蓝灰色，里面的树芯为黄色。图中的红色花簇属于小袋鼠喜欢吃的彩穗属灌木（Richea scoparia shrub）。

第 179 页 疏花桉（snow gum，*Eucalyptus pauciflora*）是最耐寒的桉树之一，树干和树枝呈灰白色，但剥去树皮后，里面呈现出黄红斑驳的颜色。

峡湾国家公园
（Fiordland National Park）
新西兰

欢迎来到地球的这一角——峡湾国家公园。这里的年降水量很大，有时可达5 800~6 400毫米。雨下得太大太猛时会形成巨大的瀑布，从山上喷涌而出，像是从天空倾泻而下。森林扎根于一层薄薄的土壤中，在陡峭的山坡上摇摇欲坠。得益于丰富的降水，这些树木长得郁郁葱葱，笼罩在雾中，山坡上覆盖着苔藓和地衣。潮湿的西风从塔斯曼海吹来，吹到阿尔卑斯山南部，水蒸气在山上冷凝成雨，导致降水量攀升，形成这场所谓的“洪水”。雨水沿着富含腐殖质的土地流淌，因为土壤中的单宁酸而变黑。丰沛的水流在盐碱湾的狭窄深沟中穿行，在表面形成一层永久性的薄膜，过滤了光线，因此就连紧贴着水面下的水域也是黑暗的。

这里的海床深度可达400米以上，生命体集中生活在水面下40米以内，这是一片相对温暖、清洁又风平浪静的区域。这里也将迎来一个惊喜：一些通常生活在更深海域的物种即将到来。比如，这里拥有世界上已知最大的黑珊瑚种群，大约有700万个黑珊瑚群落，其中部分形成于200年前。这些“树木”为许多动物提供了庇护所，包括一些腕足类动物，它们看起来很像双壳类动物，但不知何故躲掉了进化。在米尔福德峡湾（Milford Sound）的水下观察台，游客可以轻松地观察到这种海洋景象。该峡湾在保护区内的14个峡湾中最为出名，部分原因是它是唯一一个能在天气晴朗时驱车抵达的峡湾。该峡湾长约16千米，其一大地标便是高1 690米的迈特峰（Mitre Peak），四周环绕着峭壁悬崖。曲折蜿蜒的“神奇峡湾”（Doubtful Sound），在名气上略逊一筹，其主要分支绵延约40千米。

据说“神奇峡湾”的名字起源于第一个到达此地的欧洲人（1770年）——库克船长（Captain Cook）的怀疑。这位著名的航海家担心帆船能否在峡湾中航行，因为没有把握，他迟迟不敢迈出第一步。由于峡湾海岸上的冰川已经将塞克勒特里岛和雷索卢申岛（Secretary and Resolution Islands）附近的入海口与陆地分隔开了，因此库克船长决定在此地抛锚。如今，海狮、海豹和企鹅们是这里的常客。由于该地区长期处于相对隔绝的状态，且土壤结构不良，导致人们不愿来此探险或定居，因此很大一部分当地动物都是特有物种。然而，近来水貂、鹿、负鼠和老鼠的入侵与繁衍为当地特有物种带来了毁灭性的打击。新西兰鸮鹦鹉是世界上唯一一种不会飞的鹦鹉，填海造岛以后，人们将鸮鹦鹉转移到此地加以保护。还有两种不会飞的鸟也生活在这个公园里。其中一种是南秧鸟，人们认为此鸟是秧鸡的远房表亲，并已于1898年灭绝，但1948年，人们在蒂阿瑙湖（Te Anau Lake）附近又发现了这类鸟。目前，南秧鸟的种群数量约为160只，均生活在默奇森与斯图尔特山区。另外一种是几维鸟，即新西兰的国鸟。其种群数量约为15 000只，但在公园里很难看到它们的身影。

第180页 在当地毛利人的传说中，巨人图特拉基法诺阿（Tu-te-raki-whanoa）用他的扁斧一下子就砍出了米尔福德峡湾。一到雨天（这里每年至少有182天），峡湾便会涌现出数百处短时瀑布，但其中只有两帘永久瀑布：鲍恩夫人瀑布（Lady Bowen）和斯特灵瀑布（Stirling）。

第180-181页 迈特峰倒映在米尔福德峡湾的静水中。该山因峰顶形似主教的冠冕而得名，但迈特峰并不只是一座山峰，而是由五座相距很近的山峰组成的。

公园简介

- **地理位置**：新西兰南岛峡湾
- **交通信息**：从皇后镇（距蒂阿瑙湖和玛纳波里湖 170 千米）出发
- **占地面积**：1 200 000 公顷
- **建立时间**：1952 年
- **动物资源**：南岛鞍背鸦、峡湾石头子、黄额鹦鹉、长尾蝙蝠、褐鸭、山蓝鸭、凤头䴙䴘、啄羊鹦鹉；宽吻海豚、黄眉企鹅、新西兰锻海豹、北岛褐几维鸟、南岛褐几维鸟
- **植物资源**：南红榉和南银榉（red and silver beech）、树蕨、高山雏菊和毛茛
- **著名步道**：米尔福德步道（Milford Track）、开普勒步道（Kepler Track）、路特本步道（Routeburn Track）（均位列新西兰九大步道）
- **气候条件**：热带季风性气候，分旱、雨两季
- **建议游玩时间**：10 月至次年 4 月
- **有关规定和其他信息**：游览新西兰超级步道（Great Walks）需花费数日，为获得持续性的美好体验，游客须确保在游玩期间有安全的住所，建议提前预订住宿。

第 182 页 岩异鹩（New Zealand rockwren, *Xenicus gilviventris*）是一种雀形目动物，不喜飞行，目前仅分布于少数高山地带。照片中，一只岩异鹩正站在龙血石南属曼西（Dracophyllum menziesii, *pineapple scru*）上休息，该植物类似于菠萝叶子的灌木，这两个物种均为当地特有物种。

第 183 页 树蕨（New Zealand tree fern, *Dicksonia squarrosa*）是新西兰特有的一种植物，广泛分布于该国森林中，形成浓密的灌木丛。它生长迅速，最高可达 6 米。细长的树干顶端有一把独具特色的“伞”。

美洲

公园简介

- **地理位置**：美国阿拉斯加州
- **交通信息**：乘飞机从费尔班克斯到育空堡、卡克托维克或戴德霍斯
- **占地面积**：7 948 026 公顷
- **建立时间**：1960 年
- **动物资源**：200 多种鸟类（包括长耳鸮、毛脚鵟、游隼等），46 种哺乳动物（包括戴斤盘羊、北美驯鹿、麋鹿、灰熊、黑熊、狼、北美野兔、鼬、狐狸、狼獾、田鼠等 39 种陆生动物），42 种鱼类（包括红点鲑、茴鱼、狗鱼等）
- **植物资源**：沿海苔原、高山冻原、北方针叶林（包括挪威云杉、桦树、杨树等）
- **著名步道**：未专门设立步道
- **气候条件**：北极苔原气候
- **建议游玩季节**：夏季

北极国家野生动物保护区（Arctic National Wildlife Refuge）

美国 · 阿拉斯加州

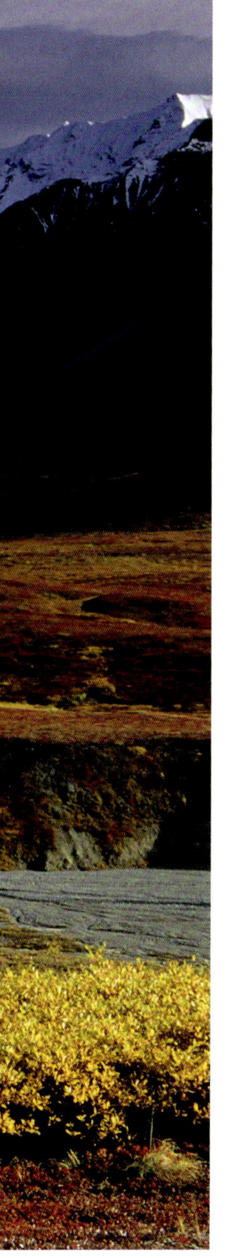

因纽特人称麝牛为“留胡子的家伙们”。麝牛能在暴风雪中坚忍前行，它们四肢短壮、上面覆盖着厚厚的长毛，几乎垂到了地面，毛质坚韧，比其他生物更能忍受北极的寒冷。麝牛是冰河时代幸存下来的活化石，是约1000万年前地球上古老牛种的最后代表。它们的角长而弯曲，隐约形似于猛犸象牙；身上还长有柔软、温暖、珍贵的绒毛。麝牛是群居动物，其种群数量会随季节不同而变化，也是唯一一种常年生活在波弗特海沿岸平原上的大型动物。

该保护区内还有一些其他动物。尽管北极熊喜欢独居在海冰上，但许多怀孕的雌性北极熊会在坎宁河三角洲（Canning River delta）、波各潟湖（Pokok lagoon）、卡姆登湾（Camden Bay）等陆地上的雪堆中筑穴。每年深秋时节，北极熊开始向陆地迁徙，它们要在11月找寻好保护区，然后在此后的两个月里处于假冬眠状态，并孕育一或两只幼崽。4月初，北极熊终于要动身返回海上，去捕食它们最喜欢的猎物——海豹，在此之前，幼崽们要一直待在穴中以保证安全。北极地区的夏季十分短暂，但此时，所有其他种类的动物都会来到冻土带：鹮䴙和长尾鸭在湖中浮游，天鹅成对在三角洲觅食，猛禽为捕食旅鼠低空而飞，弯嘴滨鹬、鸻和麻雀在低处阴凉的植被中建造伪巢。夏季，这里24小时阳光充沛，永久冻土层使土壤保持湿润，北极植物迅速生长，为16万只格兰特驯鹿提供充足的食粮。这些驯鹿每年从波丘派恩河（Porcupine River）沿岸跋涉1 200千米来到此地。7月初，驯鹿们带着新生儿回到故土。鸭子和雪雁在出发向南迁徙之前，会积累足够的脂肪，为漫长的旅途准备充足的能量。到9月中旬，大多数鸟类都已离开保护区，前往更加温暖的地区过冬。海岸边只剩下岩雷鸟、乌鸦和白喉河乌孤零零地面对着北极长夜。海岸南面15~65千米处，耸立着崎岖的布鲁克斯山脉，该山脉高达3 000米，向西绵延120千米，是金雕筑巢区的北界限。

加拿大边境的其他保护区内有160条水道，大部分是荒野保护区。北极国家野生动物保护区与之相比水道更少，但却是一个极其脆弱且受保护的生态系统。事实上，60万公顷的海岸线构成了所谓的1002区，该保护区蕴藏着丰富的碳氢化合物，因此具有很大的开发潜力（据美国地质勘探局估计，该保护区内蕴藏着103亿桶石油）。

第184-185页 小阳春（秋冬季节反常的温暖干燥节气）给北极地区增添了一抹亮色。白雪皑皑的布鲁克斯山脉将北部沿海平原与南部宽阔山谷分隔开来，山上长满了挪威云杉，160多条水道穿山而过。

第185页 有两类格兰特驯鹿（Grant's caribou, *Rangifer tarandus granti*）群经常在野生动物保护区出没：波丘派恩驯鹿群和中北极驯鹿群（约有7万头）。特殊情况下，第三类驯鹿群——西北极驯鹿群也会来到这里。

第 186-187 页 巴特岛北部的波弗特海上，绿色的极光若隐若现。极光的颜色是由太阳中的带电粒子与大气分子在地球磁层上方碰撞产生的。

第 187 页 一只北极熊在巴特岛北边的卡克托维克地区（Kaktovik area）活动。巴特岛在海岸对面，与奥克皮拉克河入海口和杰戈河入海口之间的陆地处于同一水平线上。北部是公海，南岸有两个潟湖。

班夫国家公园
（Banff National Park）
加拿大·艾伯塔省

班夫温泉蜗牛（Banff springs snail, *Physella johnsoni*）生活在温度高达44摄氏度的温泉中，泉水含氧量很低，但硫化氢和矿物质浓度都很高，并含有少量放射性物质。尽管如此，班夫温泉蜗牛依然生活在这里。这种蜗牛从大约1万年前的蝌蚪膀胱螺（*Physella gyrina*, tadpole bladder snail）进化而来。在班夫国家公园萨尔弗山东北坡的斯普雷谷和弓河谷（Spray and Bow valleys）中，有10个硫黄泉，其中有7个是班夫温泉蜗牛的栖息地。这种腹足类动物壳上长着逆时针旋转的螺纹，体形极小，最大的不到半英寸（约1.3厘米）长，大多数只有四分之一英寸（约0.6厘米）长。它们附着在泉水表面附近的藻类、木片或岩石上时，更容易被人们发现。同时，它们也十分脆弱。温泉蜗牛以细菌为食，并在上面产卵，而水位或水流的变化可能会改变漂浮的细菌垫，所以班夫温泉蜗牛种群数量非常少（1 500~15 000只），温泉池也不再是它们的栖息地。这10个温泉按照海拔高度不同，分为四类，水源是萨尔弗山逆冲断层地区地表以下3千米处上升回地表的水。

1883年秋，三名加拿大太平洋铁路公司（Canadian Pacific Railway）工人发现了洞穴泉与盆地泉（Cave and Basin hot springs），现为国家历史古迹。这一发现开启了加拿大第一个国家公园的建立进程。该公园的原始占地面积是26平方千米，现已增加了255倍，保护着崎岖的山区。山区内有针叶林、河流、湖泊，还有与贾斯珀国家公园（Jasper National Park）和U形山谷（U-shaped valleys）相连的冰原，让人想起过去的冰川时代。园内有25座海拔高度在3 000米以上的山峰，为这里的各种动物打造出绝佳的自然生态环境。然而，2009年，最后一只塞尔扣克北美驯鹿（*Rangifer tarandus caribou*）死亡，它们从此在这里销声匿迹。塞尔扣克北美驯鹿的原始栖息地位于尼格尔隘口［Nigel Pass，现已是贾斯珀国家公园布拉佐牛群（Brazeau herd）的栖息地］、派普斯通谷（Pipestone Valley）上游和西夫勒尔谷（Siffleur Valley）。公园的一大当务之急是在原始栖息地上重新引进这种驯鹿，当局和专家正对此展开研究。如今，曾一度高涨的麋鹿种群数量开始减少，狼的种群数量也随之减少；少了人类的干预，驯鹿原始栖息地的环境质量也得以提升，这些都有利于重新引进这种驯鹿。

生活在艾伯塔省内落基山脉的林地驯鹿群已经与更北部的迁徙群体产生了地理隔离。冬天，这些林地驯鹿只会去驼鹿和麋鹿鲜少光顾的地方，以那里的地衣为食。也正因如此，它们很少会碰上其他大型食草动物或天敌。一年中的大部分时间里，它们成群结队地四处走动，寻找更有营养和富含氮的植物，从而躲避狼群的捕食。对于这样一个天生繁衍困难的物种来说，降低死亡率有助于保护种群的生存能力。

第188页 冬天，路易斯湖（Lake Louise）变成了滑冰场。湖面长2.5千米，深90米，湖水清澈见底，周围环绕着圣皮兰山（Saint Piran）（2 649米）、恶魔的拇指（Devil's Thumb）（2 767米）和图中的费尔维尤山（Fairview）（2 744米）。

第188-189页 沛托湖（Lake Peyto）海拔1 880米。夏天，冰川粉粒——悬浮在水面上的沛托冰川［Peyto Glacier，为瓦普塔冰原（Wapta Icefield）的一个分支］所侵蚀的微小岩石颗粒会反射阳光，因此湖水呈绿松色。

公园简介

- **地理位置**：加拿大艾伯塔省
- **交通信息**：从班夫路易斯湖出发
- **占地面积**：664 100 公顷
- **建立时间**：1885 年
- **动物资源**：郊狼、狼、美洲虎、驼鹿、黑尾鹿、美洲黑熊、灰熊、猞猁、美洲旱獭、北美红松鼠、哥伦比亚地松鼠、落基山大角羊、鹰、红尾鵟、鹗、丑鸭、山松甲虫、豆娘（vivid dancer damselfly）
- **植物资源**：美国黑松、恩格曼云杉、挪威云杉、杨树、野花
- **著名步道**：全长超过 1 600 千米；包括湿地环状步道（Marsh Loop Trail）、圣丹斯步道（Sundance）、浪花河环状步道（Spray River Loop）、浪花河和山羊溪（Spray River & Goat Creek）、蓝道河滨（Rundle Riverside）、弓河瀑布 / 石林小径（Bow River Falls/Hoodoos Trail）、艾尔默瞭望步道（Alymer Lookout Trail）、斯图尔特峡谷（Stewart Canyon）、约翰斯顿峡谷（Johnston Canyon Falls）、班夫上温泉（Upper Hot Springs）
- **气候条件**：大陆性气候
- **建议游玩时间**：全年（最佳远足时间：6 月中旬至 10 月中旬）

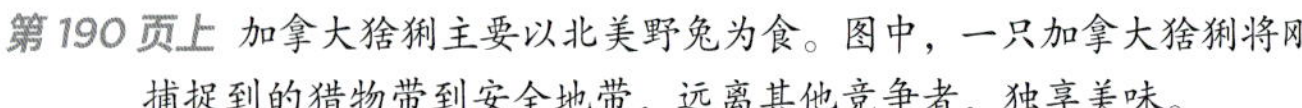

第 190 页上 加拿大猞猁主要以北美野兔为食。图中，一只加拿大猞猁将刚捕捉到的猎物带到安全地带，远离其他竞争者，独享美味。

第 190 页下 郊狼出没在宽阔的草地上。公园内交通流量与日俱增，郊狼们虽然对此感到不安，但仍常常出没在此，因为那里是绝佳的狩猎场。人们可以在弗米利恩湖大道（Vermilion Lakes Road）、弓谷公园大道（Bow Valley Parkway）和野牛保护区（Buffalo Paddock）看到这类动物。

第 190-191 页 公园里麋鹿的种群数量反常增长之后，目前正不断下降（部分原因是狼的回归），但从保护区北部的水鸟湖（Waterfowl Lake）等湖泊附近，仍然能清晰地看到许多麋鹿。

第 192-193 页 崎岖不平、白雪皑皑的维多利亚山，高 3 464 米，坐落在艾伯塔省和不列颠哥伦比亚省的交界处，沿着北美大陆分水岭（Continental Divide）拔地而起。

第 193 页上 公园里有数千只加拿大马鹿（*wapiti, Cervus elaphus canadensis*）。冬春交替之时，庞大的鹿群聚集在弗米利恩湖边。到了 9 月，雄鹿会发出强有力的咆哮声，这是鹿群交配的季节。

第 193 页下 图中站立在蒲公英田里的黑熊是公园里的濒危物种，目前种群数量约为 50 头。尽管它的俗名叫美洲黑熊（*Ursus americanus*），但其毛色也有棕色或米色的。

公园简介

- **地理位置**：美国蒙大拿州
- **交通信息**：从卡利斯佩尔（38 千米）东冰川公园村（East Glacier Park Village）（距大瀑布城 229 千米）出发
- **占地面积**：410 200 公顷
- **建立时间**：1910 年
- **动物资源**：西部蟾蜍、麋鹿、北美野山羊、美洲狮、大角羊、北泽旅鼠、狼獾、苍狼、加拿大猞猁；以及丑鸭、白喉河乌、白头鹫和金雕、游隼等 270 种鸟
- **植物资源**：花旗松、美国黑松、黑杨、熊尾草
- **著名步道**：全长近 1 200 千米，包括杉树林步道（Trail of the Cedars）、冰山湖步道（Iceberg Lake Trail）
- **气候条件**：湿润大陆性气候
- **建议游玩时间**：5 月至 9 月（公园全年开放）

冰川国家公园

（Glacier National Park）

美国 · 蒙大拿州

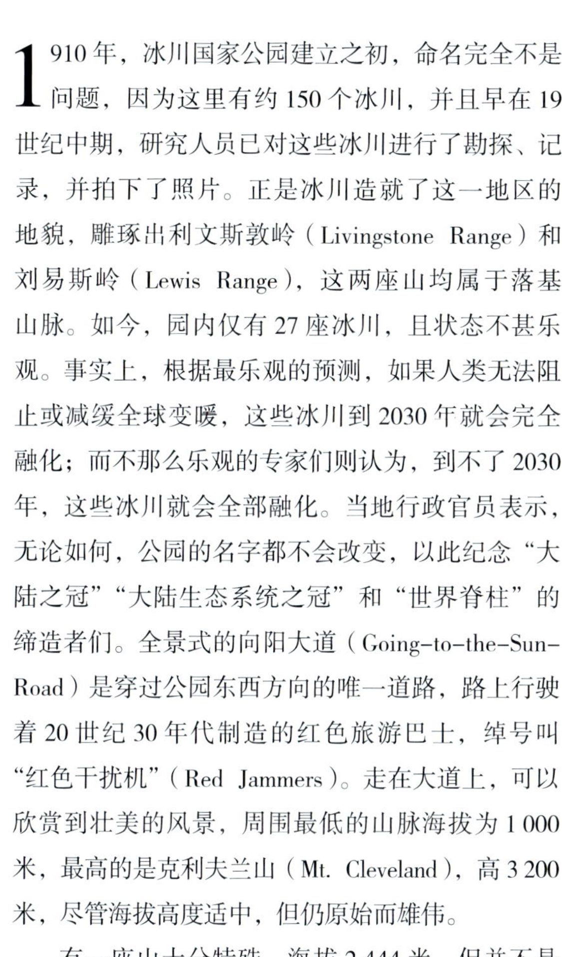

1910 年，冰川国家公园建立之初，命名完全不是问题，因为这里有约 150 个冰川，并且早在 19 世纪中期，研究人员已对这些冰川进行了勘探、记录，并拍下了照片。正是冰川造就了这一地区的地貌，雕琢出利文斯敦岭（Livingstone Range）和刘易斯岭（Lewis Range），这两座山均属于落基山脉。如今，园内仅有 27 座冰川，且状态不甚乐观。事实上，根据最乐观的预测，如果人类无法阻止或减缓全球变暖，这些冰川到 2030 年就会完全融化；而不那么乐观的专家们则认为，到不了 2030 年，这些冰川就会全部融化。当地行政官员表示，无论如何，公园的名字都不会改变，以此纪念“大陆之冠”“大陆生态系统之冠”和“世界脊柱”的缔造者们。全景式的向阳大道（Going-to-the-Sun-Road）是穿过公园东西方向的唯一道路，路上行驶着 20 世纪 30 年代制造的红色旅游巴士，绰号叫“红色干扰机”（Red Jammers）。走在大道上，可以欣赏到壮美的风景，周围最低的山脉海拔为 1 000 米，最高的是克利夫兰山（Mt. Cleveland），高 3 200 米，尽管海拔高度适中，但仍原始而雄伟。

有一座山十分特殊，海拔 2 444 米，但并不是因其山高而特殊，而是因为其地理位置十分特别，连通三个大洋，即太平洋、大西洋和北冰洋。这座山叫三分巅（Triple Divide Peak），因为其顶峰是北美大陆分水岭与劳伦系分水岭的交点，既是前者的中心点，又是后者的西部边界。北美大陆分水岭从阿拉斯加到墨西哥，纵向跨越整个北美洲，将这片大陆分成了全然不等的两部分。分水岭以西面积较小，其内的河流均流入密苏里河和密西西比河，然后注入大西洋。劳伦系分水岭从三分巅沿着东西方向一直延伸到拉布拉多海，该岭以北的河流最终注入北冰洋边缘海——哈得孙湾，而其以南的河流均注入大西洋。北美大陆分水岭在公园东西缔造出了两种全然不同的气候：隔着华盛顿州面向太平洋的一侧寒冷潮湿；遥望大西洋的一侧则受来自加拿大的干燥大陆气团的影响。因此，公园一侧是黑暗而古老的雪松和铁杉，另一侧是林中空地和草原。

这里是三个大洋的交界点，有两种气候类型和 2 500 米的海拔高度差——毫无疑问，正是这一切孕育了这座公园内丰富的生物多样性。园内有 1 100 多种维管植物、855 种苔藓和地衣、200 多种蘑菇和真菌，这些都是森林生态系统的重要组成部分。园内还有丰富的动物资源，包括约 60 种哺乳动物，其中，灰熊是公认的“冰川国家公园之主”，其种群数量约为 300 头，另外还有 600 头黑熊。消亡的只有北美森林野牛和林地驯鹿。能够大规模地保护灰熊这一物种，得益于两大因素：一是保护区的及时建立，二是规模巨大的生态系统。其规模不仅限于冰川公园的园区内，还包括邻近的加拿大沃特顿湖国家公园（Waterton Lakes National Park）。早在 1932 年，这两个公园的结合就标志着世界上第一个国际和平公园的建立。如今，它们并称为“北美大陆之冠”。

第 194-195 页 冬天，公园东侧的圣玛丽湖（St Mary Lake）上覆盖着一层冰，厚度可能超过 1 米。湖中央是野鹅岛（Wild Goose Island），后方是小酋长山（Little Chief Mountain），海拔 2 908 米，隶属于刘易斯岭。

第 196-197 页 克莱门茨山（Mount Clements）耸立在洛根山隘（Logan Pass）之上（2 026 米），山隘上铺满了野花。这里生活着雪羊（mountain goats, *Oreamnos americanus*）、加拿大盘羊（bighorns, *Ovis canadensis*），还有一些北美灰熊（grizzlies, *Ursus arctos horribilis*）。

第 197 页 美洲狮，也叫山狮或美洲金猫（Puma concolor, *cougar*），常于夜间捕食。该动物体色为沙色，头小、耳圆、尾长、四肢有力，主要以美洲赤鹿、麋鹿和野兔为食。

公园简介

- **地理位置**：美国怀俄明州（以及蒙大拿州和爱达荷州的部分地区）
- **交通信息**：从科迪出发（40 千米）；从博兹曼出发（约 110 千米）
- **占地面积**：898 300 公顷
- **建立时间**：1872 年
- **动物资源**：67 种哺乳动物（包括苍狼、美洲黑熊和大灰熊、美洲狮、狼獾、水獭、郊狼、猞猁等），其中，八大本土有蹄类动物，有 7 种生活在该园区内，分别是野牛、驼鹿、黑尾鹿、大角羊、麋鹿、野山羊、美洲羚羊、白尾鹿；285 种鸟类，16 种鱼类，5 种两栖动物和 5 种爬行动物
- **植物资源**：1 300 种本土植物；包括 7 种针叶树，以及落叶树、蒿属植物、落基山枫树；3 个确限种［分别是罗斯剪股颖（Ross' bentgrass）、黄石沙地马鞭草、硫黄花荞麦］
- **著名步道**：全长 1 600 千米；包括黄石大环线（Grand Loop）、加德纳路（Gardiner Road）
- **气候条件**：湿润大陆性气候，夏季炎热、冬季寒冷
- **建议游玩时间**：全年

黄石国家公园
（Yellowstone National Park）

美国 · 怀俄明州、蒙大拿州和爱达荷州

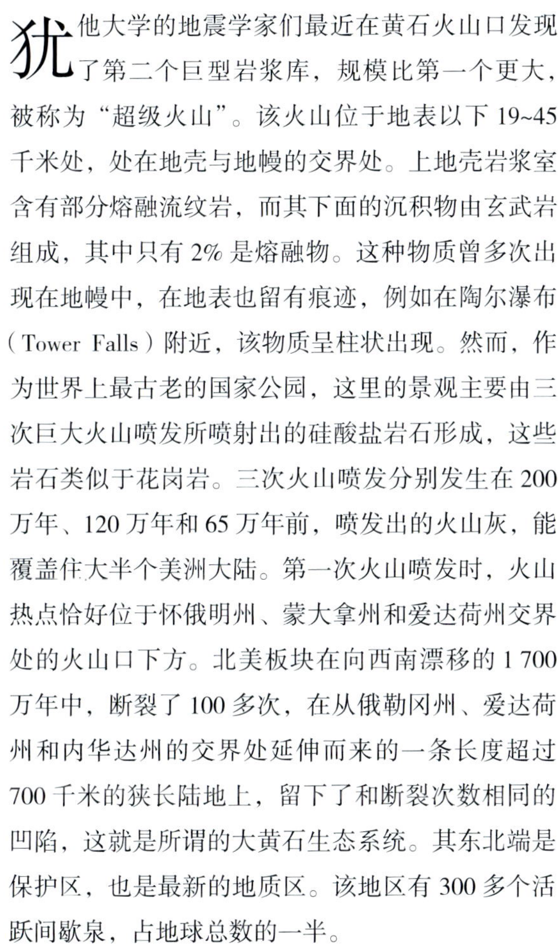

犹他大学的地震学家们最近在黄石火山口发现了第二个巨型岩浆库，规模比第一个更大，被称为“超级火山”。该火山位于地表以下 19~45 千米处，处在地壳与地幔的交界处。上地壳岩浆室含有部分熔融流纹岩，而其下面的沉积物由玄武岩组成，其中只有 2% 是熔融物。这种物质曾多次出现在地幔中，在地表也留有痕迹，例如在陶尔瀑布（Tower Falls）附近，该物质呈柱状出现。然而，作为世界上最古老的国家公园，这里的景观主要由三次巨大火山喷发所喷射出的硅酸盐岩石形成，这些岩石类似于花岗岩。三次火山喷发分别发生在 200 万年、120 万年和 65 万年前，喷发出的火山灰，能覆盖住大半个美洲大陆。第一次火山喷发时，火山热点恰好位于怀俄明州、蒙大拿州和爱达荷州交界处的火山口下方。北美板块在向西南漂移的 1 700 万年中，断裂了 100 多次，在从俄勒冈州、爱达荷州和内华达州的交界处延伸而来的一条长度超过 700 千米的狭长陆地上，留下了和断裂次数相同的凹陷，这就是所谓的大黄石生态系统。其东北端是保护区，也是最新的地质区。该地区有 300 多个活跃间歇泉，占地球总数的一半。

有些间歇泉是垂直喷发的，比如“老忠实”（Old Faithful，250 多年来，它平均每 90 分钟喷发一次，因此而得名）和“蒸汽船”（Steamboat Geyser）（世界上最高的间歇泉，泉水喷射高度可达 90~120 米）。有些间歇泉则像烟花一样向四面八方喷射 [如含酸量很高的海胆间歇泉（Echinus geyser）]；或者像喷泉一样洒成一片 [如大喷泉间歇泉（Great Fountain geyser）]。除了间歇泉，这里还有成千上万个黄色、橙色、绿色的温泉，里面有嗜热微生物群落、沸腾泥浆的气泡和锥体、不断演化的喷气孔和石灰华阶地，这在其他地方很少见。温泉水中含有大量碳酸钙，渗透到石灰岩中，这种富含碳酸钙的水与空气接触时，会形成更多的碳酸钙沉积，因此人们可以在一天之内看到猛犸象温泉（Mammoth Hot Springs）中白色阶地变换出各种形状。

该公园 80% 的土地是落基山脉的高原，平均海拔 2 400 米，覆盖着森林植被，而剩下的 20% 多是蒿属草原、水道和池塘。黄石河（Yellowstone River）由南向北贯穿黄石公园，不仅是黄石湖（Yellowstone Lake）的水源，也是该湖的水流出口。研究人员在黄石湖的河床上发现了硅质烟囱的痕迹——很像大西洋中脊和太平洋胡安 · 德富卡海岭中脊上的烟囱，这是藻类和淡水海绵的栖息地。灰熊是黄石公园的象征。海登谷地和拉马尔山谷（Hayden and Lamar Valley）、沃什本山（Mount Washburn）北坡以及从钓鱼桥（Fishing Bridge）到公园东门的区域都是它们的栖息地。黄石公园里生活着约 150 只灰熊，占大黄石地区种群总数量的五分之一，也是加拿大南部最大的灰熊种群。

第 198-199 页 猛犸象温泉的石灰华阶地形似冰冻的喷泉盆地。尽管它们不在火山口，但地质学家们表示，它们和公园内其他地热区处于同一个岩浆岩体系中。

第 199 页 心泉（Heart Spring）因其火山口形似心脏而得名。该泉长 4 米，宽 2.5 米，深近 5 米，喷射出的水温约为 200 摄氏度。

第 200 页 黄石下瀑布是美国落基山脉中最大的瀑布。晚春时节，其流量为每秒 240 立方米。该瀑布高 94 米，形成于侵蚀过流纹岩的河流。

第 201 页 温泉的颜色十分丰富，这和生活在其中的缓步类动物和水熊有关。每种动物都有自己最喜欢的温度。

第 202-203 页 在美国，黄石国家公园是唯一一个自史前时代以来一直有野牛生活的地方。这里有公共土地上最大的野牛种群，同时也是为数不多的纯种野牛群之一。

第 203 页 从 1995 年到 1997 年，黄石公园从加拿大和蒙大拿州西北部引进共 41 只野狼。目前，有 95 只野狼常住在公园里。在冬季，它们 90% 的食物都是美洲赤鹿。

第 204-205 页 猛犸象温泉从埃弗茨山（Mount Everts）脚下延伸而来，埃弗茨山高 2 391 米，主要由遍布到沸腾河（Boiling River）的白垩纪沉积物（如图所示）组成。

布赖斯峡谷国家公园
（Bryce Canyon National Park）
美国·犹他州

全世界没有哪个地方像布赖斯峡谷国家公园一样有这么多奇形岩——有的高达30米，也有的不到2米，呈尖峰状排布，形似图腾柱或薄厚不一的棋子，挤在一个“石制竞技场”里。奇形岩由许多岩石层（特别是粉砂岩、砂岩和石灰岩）叠加而成，所以它们的颜色（有白色、橙色、粉红色和红色）以及对岩块剥落的抵抗力各不相同。受侵蚀作用影响，奇形岩的高度每100年会减少大约1米。因此，终有一日，这个“竞技场”会被夷为平地，塞维尔河（Sevier River）会流入这里，开辟出一条真正的运河。

岩柱看似随机排布，但事实上是由瓦解作用导致其底层结构发生变化而造成的。庞沙冈特高原（Paunsaugunt Plateau）东段是大阶梯（Grand Staircase）中最高和最新的一阶。大阶梯由许多巨大的沉积岩向上叠加而成，就像一个巨大的楼梯从美国科罗拉多大峡谷（Grand Canyon）盘旋上升，该峡谷形成于10亿多年前，有海拔最低、历史最古老的高原。大阶梯穿过宰恩国家公园（Zion National Park），一直延伸到布赖斯峡谷国家公园。最高的高原海拔2 800米，一年当中有近200天温度为零摄氏度。因此，水渗入岩石后会结冰，冰融化之后，会留出一片空隙，从而加大了岩石之间的缝隙。雨水冲走岩屑，其中的酸会加速岩石的瓦解。这一持续性的侵蚀作用将克莱伦岩层（Claron Formation，4000万至3000万年前形成于一片覆盖了犹他州西部大部分地区的湖泊）切割成垂直的片状结构，形成了一个接一个的狭窄峡谷。这些峡谷的薄壁被称为鳍片，经历着同样的“分割过程”：侵蚀作用在薄壁上凿出的洞口逐渐变大，直到顶部坍塌，形成一系列石柱，即奇形岩。这时，风雨开始对它们细细雕琢，就像一个陶工往自己的轮子上扔黏土，直到一无所有。因此，我们得以看到上述结构：石柱紧密而连续地排列着，都朝山谷底部倾斜（高原顶部和“竞技场”相差650米）。

由于不同的海拔更有利于不同生态系统的发展，所以这一定不是一个干旱贫瘠之地。海拔较低处生长着松树、落基山刺柏（Rocky Mountain juniper）、甘氏栎（Gambel oak）、仙人掌和丝兰，海拔较高处生长着挪威云杉、杨树和狐尾松（地球上最长寿的树木之一），中间地带生长着黄松和该州的象征——科罗拉多蓝杉（Colorado blue spruce）。

到了夏季，大草原就成了活跃的犹他州草原犬鼠（Utah prairie dogs）的家园，它们虽然名字里有“犬”，却是啮齿类动物，目前仅存几百只，都生活在布赖斯峡谷。它们与草原犬鼠属其他动物的不同之处在于“眉毛”，以及它们需要冬眠，就像与其同属一科的土拨鼠。这些群居动物生活在由“氏族”组成的群体中（一只雄性及其诸多雌性和其幼崽组成的“后宫”），并居住在由隧道连通的几十个“房间”组成的地下“城镇”中。“后宫”有“哨兵”看守，如果发生危险，会根据入侵者的类型，使用约30种不同的“警吠”（因此得名“看门狗”）。如果是郊狼、猎鹰或鹰入侵，动物们会立即冲进洞穴，而哨兵会分散入侵者的注意力。如果入侵者是蛇、鼬或饿极了的獾，那么这些洞穴可就不再是避难所，而是送命的陷阱了。

第206-207页 任何地方一旦成为人类的永久定居地，环境都可能愈加恶劣，但布赖斯峡谷已经存在了10 000年。大约1200年前，派尤特印第安人（Paiute Indian）来到这里，为了采集松树种子和诱捕兔子，他们季节性地在这里定居。

公园简介

- **地理位置**：美国犹他州
- **交通信息**：从拉斯维加斯出发（约 400 千米）
- **占地面积**：14 500 公顷
- **建立时间**：1928 年
- **动物资源**：210 种鸟类（包括加州秃鹰、星鸦、鹗、游隼、渡鸦、暗冠蓝鸦等），59 种哺乳动物（包括美洲狮、美洲羚羊、黑尾鹿、落基山马鹿等），13 种爬行动物（包括西部菱斑响尾蛇、虎纹钝口螈等），4 种两栖动物
- **植物资源**：火焰草（Indian paintbrush，地方特有物种）
- **著名步道**：边缘步道（Rim Trail）、狐尾松环道（Bristlecone Loop）、女王花园步道（Queen's Garden Trail）、那瓦贺环形步道（Navajo Trail）、沼泽峡谷步道（Swamp Canyon Trail）、仙境环线（Fairyland Loop）、躲猫猫环形步道（Peek-A- Boo Loop）、缘底步道（Under-The-Rim Trail）
- **气候条件**：半干旱气候
- **建议游玩时间**：6 月至 9 月

第 208-209 页 奇形岩，形如其名。人们给不同的奇形岩命以不同的名字，有“雷神之锤”（Thor's Hammer）、“哨兵”（Sentinel）、“维多利亚女王”（Queen Victoria，俯瞰着一座石头花园），甚至还有“华尔街”（Wall Street）——这是一条狭窄的峡谷，内有“摩天大楼”状的岩石。

第 209 页 高原上有几处瞭望台，可全景视角欣赏到众多岩柱尖峰，还有日出、日落、灵感源泉和布赖斯角（Bryce Point），令人叹为观止。这张照片聚焦在“灰姑娘的城堡”（Cinderella's Castle）上。

落基山国家公园

（Rocky Mountain National Park）

美国·科罗拉多州

落基山大角羊（*Ovis canadensis canadensis*）双角大而弯曲，几乎弯成了一个完整的圆圈，重可达 14 千克，是世界上最长的山脉之一落基山脉的代表之一——落基山脉从加拿大不列颠哥伦比亚省到美国新墨西哥州，绵延近 5 000 千米。事实上，落基山大角羊（Rocky Mountain bighorn sheep）是加拿大盘羊的一个种，与西伯利亚雪山盘羊（Siberian snow sheep, *Ovis nivicola*）有亲缘关系，但经过几千年的演变，进化成了不同的物种。它们穿过白令海峡陆桥，从西伯利亚来到这里，并遭受着和羱羊同样的命运：公羊的角和肉十分珍贵，它们因此惨遭猎杀。再加上栖息地的剧变和家养绵羊对草料的争夺，让大角羊染上了无法自愈的疾病，致使种群数量迅速减少。例如，20 世纪 50 年代，只有 2 000 头加拿大盘羊幸存下来。尽管国家公园早在 1915 年就建成了，但生活在此的盘羊也同样面临着生存困境——只有躲藏在北美大陆分水岭沿线的最偏远地区的 150 头盘羊活了下来。后来，种群数量开始慢慢恢复，现已达到 11 000 头左右。据估计，有 300~400 头盘羊现生活在科罗拉多公园的考溪（Cow Creek），盘羊也因此成了该地的象征，对此，要部分归功于在加拿大盘羊原始栖息地实行的物种重新引进项目。

这些大角羊沿袭了祖辈们的习惯，会在春夏之交前往海拔较低的地方，寻觅富含更多矿物质和营养成分的草料和土壤，以补充冬季短缺的营养，这对分娩后的母羊来说尤其重要。早上，多达 60 头大角羊成群结队，大摇大摆地从山谷北脊下到羊湖（Sheep Lake）边，吃大约两个小时的草，然后很快回到岩石悬崖墙上的休憩所，慢慢消化食物。大角羊的社会关系和羱羊相似，公羊们会成群聚在一起，和母羊与羔羊分开。母羊会哺乳羔羊到 6 个月大，雄性羔羊会在 2~4 岁时离开族群，但雌性羔羊会一直留在族群里。公羊和母羊只有在秋天的发情期才会聚在一起，每到此时，公羊们会后腿直立，互相攻击，打斗异常激烈。

该公园里还生活着许多动物，包括 67 种本土哺乳动物，但却没有北美灰熊和北美野牛了，它们早在 19 世纪末 20 世纪初就消失了。和冰川国家公园一样，这里丰富的动物资源在很大程度上都得益于北美大陆分水岭营造出的两种不同的气候类型，同时，这一分水岭也在落基山国家公园内孕育了美国的一大长河。

这条河流源头的精确位置一直令人难以捉摸，但目前人们认为科罗拉多河（Colorado River）发源于该州园区最北端的拉普德尔山口（La Poudre Pass），绵延几英里（1 英里约等于 1.609 千米）后，就冲刷出了第一个峡谷，仿佛是在“练习”，为创造科罗拉多大峡谷这一壮举做准备。该河流流经 2 300 千米后，倾入加利福尼亚湾（Gulf of California），东侧是大汤普森河（Big Thompson River），圣弗仑溪（St. Vrain）的北部和拉普德尔河（Cache la Poudre）的上游源头，这些河流都注入大西洋。

第 210-211 页 廷德尔冰川（Tyndall Glacier）位于哈利特峰（Hallett Peak）和平顶山（Flattop Mountain）之间东侧，是一个含高寒冻土区的冰斗冰川。冰川下面有三个湖泊，名字叫“翡翠湖”（Emerald）、“梦幻湖”（Dream）和“仙女湖”（Nymph），不禁让人思绪翩翩。

公园简介

- **地理位置**：美国科罗拉多州
- **交通信息**：从博尔德出发
- **占地面积**：107 500 公顷
- **建立时间**：1915 年
- **动物资源**：海狸、黑熊、郊狼、黑尾鹿、美洲狮、美洲赤鹿、黄腹旱獭、麋鹿、鼠兔、北美野兔、加拿大猞猁、黄嘴美洲鹃、西方蟾蜍、美洲鲑
- **植物资源**：黄松、恩格曼云杉、花旗松
- **著名步道**：全长 480 千米
- **气候条件**：湿润大陆性气候
- **建议游玩季节**：夏季（公园全年开放）

第 212-213 页 梦幻湖是一个小高山湖，位于廷德尔峡谷（Tyndall Gorge）中一条从熊湖（Bear Lake）到翡翠湖备受欢迎的小路上。该湖长约 300 米，湖面不宽，从东到西流经哈利特峰。

第 213 页上 落基山大角羊是北美最大的绵羊。雄性大角羊肩高可达 1 米，重达 140 千克，是雌性大角羊体重的两倍。

第 213 页下 美洲狮是公园里最大的肉食性动物。它们在 1 300 平方千米的土地上追捕麋鹿和美洲赤鹿。雄性美洲狮之间不会互相争夺领地。

约塞米蒂国家公园
（Yosemite National Park）
美国 · 加利福尼亚州

这座公园里有许多树都堪称“世界之最”，蔚为壮观。名为“大灰熊”（Grizzly Giant）的巨杉高 63.7 米，树龄约 2000 年，是世界上体积最大的树之一，大约需要 15 个高个子的人手拉手才能围树一圈；“哥伦比亚塔”（Columbia towers）高 87 米，是最高的树；“忠诚老两口”（Faithful Couple）则是同根共生的两棵树。“单身汉与三淑女”（Bachelor and Three Graces）是一棵硕大的巨杉和三棵稍小的巨杉相对而望，这三棵树的树根缠绕在一起，如果一棵树倒下，另外两棵大概率也会跟着倒下。还有一些树的树干被凿成了“隧道”。首条树隧道“瓦沃纳”（Wanona）建于 1881 年，但没能熬过 1969 年的严冬，因一场降雪而轰然倒下，至今仍留在原处（距今已 2300 年），与另一棵倒下的树“陨落的君王”（Fallen Monarch）相伴，300 多年来，这棵树巨大而破裂的根一直裸露在外。此外，还有建于 1895 年的加利福尼亚树隧道（California Tunnel tree），建立之初是为了便于马车通行，至今保存完好。约塞米蒂国家公园内还有一些马里波萨谷巨杉林（Mariposa Grove）的“明星”，即生长在距美洲杉国家公园（Sequoia National Park）不远处的内华达山脉（Sierra Nevada range）西坡上的数百棵巨型红杉。

与人工挖凿的“隧道”或者大火造成的巨大洞穴一样，巨型红杉没有完好无损的树干也能生存，而且是地球上体形最大的植物，其高度仅次于加利福尼亚州北部海滨的红杉“姐妹”——“亥伯龙神”（Hyperion），后者的高度超过 115 米。除了马里波萨（Mariposa），园内还有另外两个更小的树林——图卢姆（Toulumne）和默塞德（Merced），这两地的游客也更少。

约塞米蒂国家公园海拔 600~4 000 米，内有垂直峭壁、幽深山谷，生动展现出了花岗岩的冰川侵蚀风貌。约塞米蒂山谷外观呈 U 形，自东向西延伸，深 1 200 米。谷底流淌着默塞德河，宏伟的约塞米蒂瀑布（高 730 米，分为三段）及其他瀑布泻入山谷中、急流涌落下来的水。这里的岩层是整个公园的象征：有高约 1 000 米的巨石“酋长岩”（El Capitan）、“三兄弟尖峰石阵”（Three Brothers pinnacles），还有“半圆顶”（Half Dome），其光滑的山壁（高 1 500 米）倒映在镜湖中，在春天最是好看。春季无疑是观察冰针现象的最佳时节（秋季和冬季有时也可以看到这种现象）。冰针是江河湖满且夜间气温低于零度时，看似冰泥的冰晶堆积而成的。许多瀑布产生的薄雾会冻结成这种“冰泥”，随急流漂荡，最终沉积在小海湾和冰碛中。

该公园内有数百头黑熊，平均寿命为 18 岁，以植物、浆果、昆虫为食（只有在极端情况下，它们才会追捕小鹿或吃其他动物的残骸）。园内 95% 的区域是荒野，人迹罕至，却生活着许多动植物，在那里，人类只是“过客”。

第 215 页 日落时分，酋长岩处的大瀑布（Horsetail Falls）。只有在 2 月下旬，太阳低悬，天空清澈透亮时，才能看到这里的“火瀑布”现象。

公园简介

- **地理位置**：美国加利福尼亚州
- **交通信息**：从旧金山出发（314 千米）
- **占地面积**：308 100 公顷
- **建立时间**：1890 年
- **动物资源**：北方蟾蜍、约塞米蒂蟾蜍、北部红腿蛙、内华达黄腿青蛙、苍白洞蝠、山狸、郊狼、大棕蝠、狼獾、北美野兔、白尾长耳大野兔、食鱼貂、黑尾鹿、大角羊、浣熊、亚氏松鼠、蝾螈、美洲獾
- **植物资源**：亚山林、山、亚高山和高山植被
- **著名步道**：约塞米蒂谷环形步道（Yosemite Valley Loop Trail），以及从冰川角路（Glacier Point Road）、泰奥加公路（Tioga Road）、土伦牧场（Toulumne Meadows）、赫奇水库（Hetch Hetchy）出发的几条步道
- **气候条件**：地中海气候，夏季炎热
- **建议游玩时间**：全年
- **有关规定和其他信息**：马里波萨谷巨杉林 2017 年春季起对游客开放

第 216 页 冬雾笼罩着森林，引人入胜。低海拔地区，山林里生长着黑橡树、加州雪松、黄松和科罗拉多州银冷杉。海拔较高的地方，多是北美油松。

第 217 页 黑尾鹿（mule deer, *Odocoileus hemionus*），又名骡鹿，是鹿科加州亚种，因长着一对骡般大耳而得名。它们鹿角向上生长，在该公园内很常见。

第 218-219 页 首长岩（照片左侧）是一块源于 1 亿年前的巨型花岗岩。暗色脉络为侵入进来的闪长岩，岩石前景中的立面被称为“首长的鼻子”。

公园简介

- **地理位置**：美国加利福尼亚州（一小角延伸入内华达州境内）
- **交通信息**：从拉斯维加斯出发（150 千米）或者从洛杉矶出发（360 千米）
- **占地面积**：1 365 000 公顷
- **建立时间**：1994 年
- **动物资源**：307 种鸟类（包括鹰、食雀鹰、秃鹫、走鹃等），51 种哺乳动物（包括郊狼、沙漠大角羊、美洲狮、狐狸、野马、野驴等），36 种爬行动物，3 种两栖动物，5 种本地鱼类
- **植物资源**：1 000 种植物（包括 50 种本土植物）；约书亚树、北美单针松、刺柏、狐尾松
- **著名步道**：望远镜峰步道（Telescope Peak Trail）、野玫瑰峰步道[Wildrose Peak Trail（仅夏季）]、黄金峡谷步道（Golden Canyon Interpretive Trail）、高尔峡谷环形步道（Gower Gulch Loop）、荒凉峡谷（Desolation Canyon）、恶水盐滩（Badwater Salt Flat）、盐谷径（Salt Creek Interpretive Trail）、麦斯奎特平地沙丘（Mesquite Flat Sand Dunes）
- **气候条件**：沙漠气候
- **建议游玩时间**：10 月中旬至次年 4 月中旬

死亡谷国家公园（Death Valley National Park）

美国 · 加利福尼亚州和内华达州

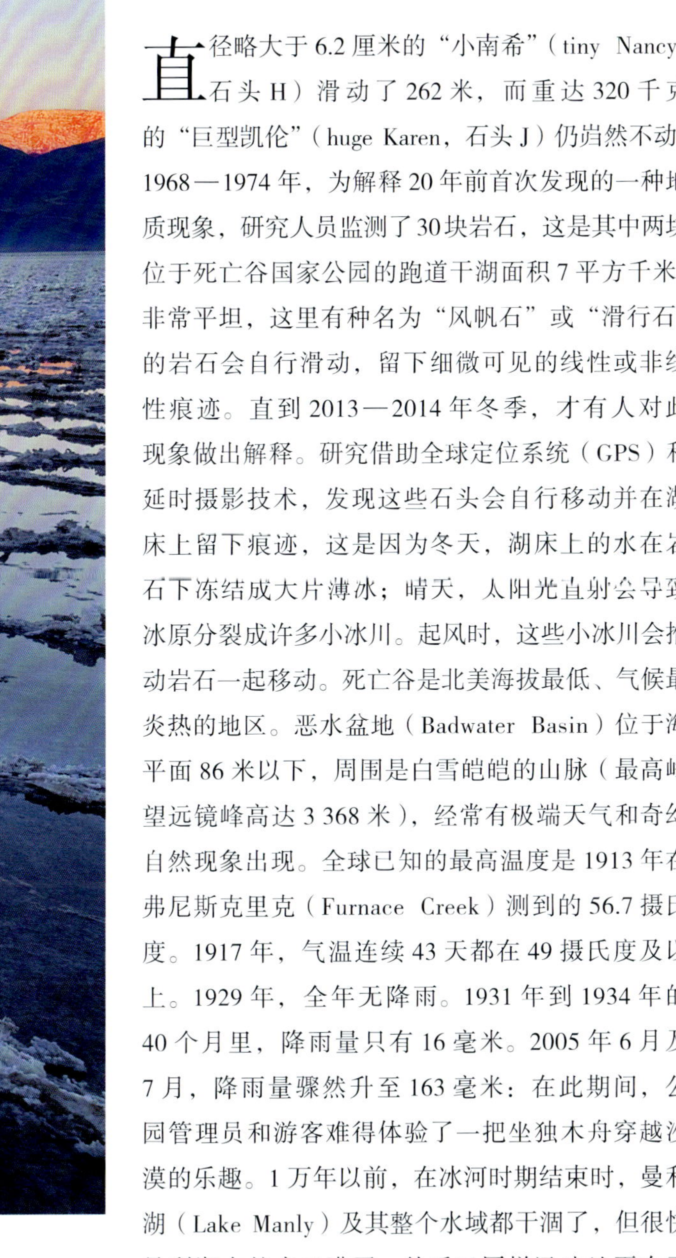

直径略大于6.2厘米的“小南希”（tiny Nancy，石头H）滑动了262米，而重达320千克的“巨型凯伦”（huge Karen，石头J）仍岿然不动。1968—1974年，为解释20年前首次发现的一种地质现象，研究人员监测了30块岩石，这是其中两块。位于死亡谷国家公园的跑道干湖面积7平方千米，非常平坦，这里有种名为“风帆石”或“滑行石”的岩石会自行滑动，留下细微可见的线性或非线性痕迹。直到2013—2014年冬季，才有人对此现象做出解释。研究借助全球定位系统（GPS）和延时摄影技术，发现这些石头会自行移动并在湖床上留下痕迹，这是因为冬天，湖床上的水在岩石下冻结成大片薄冰；晴天，太阳光直射会导致冰原分裂成许多小冰川。起风时，这些小冰川会推动岩石一起移动。死亡谷是北美海拔最低、气候最炎热的地区。恶水盆地（Badwater Basin）位于海平面86米以下，周围是白雪皑皑的山脉（最高峰望远镜峰高达3 368米），经常有极端天气和奇幻自然现象出现。全球已知的最高温度是1913年在弗尼斯克里克（Furnace Creek）测到的56.7摄氏度。1917年，气温连续43天都在49摄氏度及以上。1929年，全年无降雨。1931年到1934年的40个月里，降雨量只有16毫米。2005年6月及7月，降雨量骤然升至163毫米：在此期间，公园管理员和游客难得体验了一把坐独木舟穿越沙漠的乐趣。1万年以前，在冰河时期结束时，曼利湖（Lake Manly）及其整个水域都干涸了，但很快，曼利湖中的水又满了，然后又同样迅速地再次干涸，留下常见的泥沙混合物，在“魔鬼高尔夫球场”（Devil’s Golf Course）结晶，形似正在冲刷海岸的海浪。

尽管曼利湖水量少且含盐量高，但仍孕育着许多稀有物种。恶水盆地是两种地方性甲壳类小动物和恶水蜗牛的栖息地。在索尔特溪（Salt Creek）和棉球沼泽（Cottonball marshes）中，一些鱼类生活在地球上最小的栖息地：沙漠鱼（Death Valley pupfish）只生活在海平面以下49米的季节性洪流中，而米勒氏鳉（Cyprinodon milleri pupfish）则生活在海平面以下80米的高浓度盐水池中。然而，其中最稀有的物种是生活在国家公园外的魔鳉（Devil’s Hole pupfish）。其栖息地是一个深150米的池塘水表，面积只有20平方米，日本、印度尼西亚或智利发生大地震时，便会在这个池塘引发“小型海啸”。大约2万年前~1万年前，这种鳉种群数量只有几十只，均隔绝在“化石水”中（死亡谷下面是一个古老的岩浆室），以生长在离光照最近的墙体上的硅藻为食。其生存似乎在一定程度上也与猫头鹰有关，这些猫头鹰在那里安家，其粪便中的营养物质会使水富营养化，从而促进藻类繁殖。

第220-221页 内流盆地的水质盐度过高而不能饮用，故称作“恶水”，该盆地也因此被称为“恶水盆地”。盆地中的盐类沉积物结构呈六角形，类似于蜂窝，是由若干次连续的冻结、融化、蒸发循环形成的。

第221页 扎布里斯基角（Zabriskie Point）的波纹岩由盐泥岩、黏土、砾石和火山灰等侵蚀沉积物组成。这里非常干旱，地质含盐度极高，没有植物能在这里生长，因此被公认为是恶地（Badlands）的一部分。

第 222 页 氧化铁使红教堂（Red Cathedral）陡峭的外观呈现出铁锈橙色，这种砾岩比黄金峡谷（Golden Canyon）的泥质岩更耐侵蚀。

第 222-223 页 跑道干湖以“风帆石”或“滑行石”而闻名。该湖海拔 1 130 米，从北到南长 4.5 千米，湖身却异常平坦，两端高度差只有 4 厘米。

大峡谷国家公园（Grand Canyon National Park）

美国 · 亚利桑那州

大峡谷是地壳上一道巨大的“裂痕”，曲折蜿蜒 446 千米，宽 200 米到 29 千米不等，深 1 600 米。正如美国地质学家、探险家、大学教授、陆军少校约翰 · 威斯利 · 鲍威尔（John Wesley Powell）在 1869 年所说，峡谷壁上 40 多层沉积岩就像“历史书的书页”。这本“书”几乎完整地再现了从第一个地质时代——前寒武纪开始的一连串历史事件。最古老的结晶岩是 7.5 亿年前变质的沉积物和熔岩流。古生代留下的痕迹更为珍贵：700~1 500 米厚的砂岩、片岩和石灰岩沉积物。然而，该国家公园里却鲜有中生代的遗迹。尽管仍有些许残留，尤其是在大峡谷的西部地带，但大部分都被侵蚀掉了。板块之间的运动导致整个地区的隆升：落基山脉向东隆升，在海拔超过 2 000 米的地方形成了科罗拉多高原。这里的沉积层几乎保持在同一水平高度，实在令人难以置信。新生代留下的沉积物是希夫威茨高原（Shivwits plateau）和尤因卡雷特高原（Uinkaret plateau）上的凝固熔岩和火山灰，十分壮观。这些沉积物形成于 600 万年前，科学家们借此推算出了大峡谷的形成时间。虽然最近有研究认为，大峡谷的形成始于 7000 万年前，但在科罗拉多河 500 万至 600 万年间的侵蚀下，这一沉积物景观无疑是晚新生代最伟大的创造。

科罗拉多河对岩石的侵蚀在 200 万至 300 万年后达到高潮，当时由于暴雨多发、支流增多，河面渐宽、河水高涨，侵蚀作用也更强、速度更快。大约 1 万年前，气候开始愈加干燥（现在依然如此）。但此时，大峡谷已经形成。由于湿度不够，五彩缤纷的峡壁几乎全是光秃秃的，阻碍了峡谷的扩张。纵向的迅速刻蚀和横向的缓慢扩张形成鲜明对比，这也造就了大峡谷特殊的外观和性质。尽管该峡谷名为“大峡谷”，但它既不是世界上最长的峡谷，也不是最深的峡谷；美国赫尔斯峡谷（Hells Canyon）深 2 436 米，而秘鲁的科塔瓦西（Cotahuasi）和科尔卡（Colca）这两个峡谷深度都超过 3 200 米。

科学家们对大峡谷研究已经持续了近 150 年，揭开了许多奥秘，但仍有许多未知的惊喜有待发掘。例如，在 20 世纪 70 年代，科学家们发现了以往地质学家们未注意到的岩石层。专家们通过实地研究，不仅能追溯地球近 20 亿年的历史，还能在绵延 446 千米的岩层上，研究同一时期（即同一岩层中）从一个地点到另一个地点的变化。然而，还有一个问题悬而未决：科罗拉多河为什么会如此演进？

第 224 页 托罗威普观景点（Toroweap Overlook）位于大峡谷北缘，海拔 1 387 米。站在这里，可以俯瞰 880 米深处的科罗拉多河和大峡谷的壮美景色。

公园简介

- **地理位置**：美国亚利桑那州
- **交通信息**：从弗拉格斯塔夫出发（120 千米）
- **占地面积**：492 608 公顷
- **建立时间**：1919 年
- **动物资源**：75 种哺乳动物（包括黑尾鹿、沙漠大角羊、美洲狮、短尾猫、郊狼等），50 种爬行动物和两栖动物，25 种鱼类（其中包括 6 种本地鱼类），300 多种鸟类（包括加州兀鹫等）
- **植物资源**：1 737 种维管植物（包括黄松、科罗拉多果松、犹他杜松、甘氏栎等），67 种真菌和蘑菇，64 种苔藓，195 种地衣
- **著名步道**：峡谷南缘步道（Rim Trail）、光明天使步道（Bright Angel Trail）、南凯巴布步道（South Kaibab Trail）、光明天使站（Bright Angel Point）、韦德福斯步道（Widforss Trail）、北凯巴布步道（North Kaibab Trail）
- **气候条件**：半干旱气候
- **建议游玩时间**：5 月中旬至 10 月中旬（北缘景色最佳）

第 226-227 页 大峡谷呈东西走向，蔚为壮观，其中有 346 千米位于大峡谷国家公园保护区内。最受欢迎的地区是位于塔基点（Taki Point）和莫哈韦点（Mojave Point）之间的南缘（如图所示）。公园外的大峡谷南侧，就是美国印第安人（瓦拉派和哈瓦苏派）的保留地。

大沼泽地国家公园
（Everglades National Park）

美国 · 佛罗里达州

19 世纪末以来，为了开垦农田、开采煤矿、建设城市，人们在佛罗里达州大规模开渠、疏浚以及修建水坝、堤坝和排水泵站，形成了佛罗里达大沼泽，这和法国的卡马格如出一辙。历史上，佛罗里达州南部的洪水曾淹没了 150 万公顷的土地。降雨从奥基乔比湖（Lake Okeechobee）溢出，流过长达 200 千米的半岛，到达南部海岸，然后缓缓流入大海。博卡拉顿、劳德代尔堡、迈阿密和霍姆斯特德等城镇开始向东扩张，一步步将大沼泽向西推进。现在的天然大沼泽大小不足原来的一半，其中部分已纳入大沼泽地国家公园。该公园里有常绿林、半落叶林、松林地、泥炭沼泽、湿地和潟湖，以及西半球最大的红树林生态系统。在这里，海拔上几码之差就足以打造出全然不同的栖息地。

严格说来，该地区在鲨鱼河的流域内。在流入墨西哥湾之前，这条河流以每日 30 米的速度向西南流淌，速度慢到让人难以察觉，但对大多数人来说，鲨鱼河沼泽（Shark River Slough）就是沼泽的代名词。鲨鱼河沼泽是一片湿地，生活着珩和其他数百种鸟类，生长着大片克拉莎草（*Cladium*），因此作家马乔里・斯通曼・道格拉斯（Marjory Stoneman Douglas）将大沼泽地公园称为“草河”。大沼泽地融合了北美洲温带气候和南美洲亚热带气候，是唯一一片生活着两种美洲鳄鱼的地区，每种鳄鱼都生活在自己的栖息地中。美洲短吻鳄的栖息地和佛罗里达州一样靠南，它们生活在沼泽中，偶尔也会冒险进入微咸水域待上一小会儿。这是因为短吻鳄与其“表亲”不同，其舌头上没有能够排出多余盐分的腺体，因此耐盐度有限。美洲鳄生活在佛罗里达州南部的潟湖，这是它们最北端的栖息地。受水源含盐度和海平面变化的影响，美洲鳄的种群数量在该纬度上比其近亲种群要少得多，后者的鼻子没那么尖，体色却更深。就此而言，气候变化引发水源含盐度和海平面加速变化，一直影响着美洲鳄的生存，也影响着该地区的地貌，其下层不过是勉强浮出水面的平坦海底。

冰川时代或短或长，都具有周期性，其结束以后，冰川融化、海平面上升、水源含盐度降低，但这片有机生成的石灰岩仍处于水下。接着迎来了一个全新的寒冷时代，随之而来的是我们如今称为“大沼泽地”的平原。

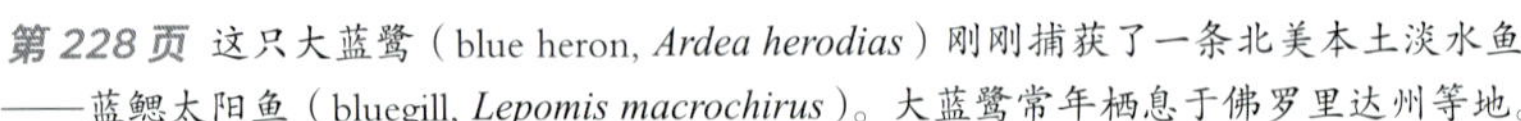

第 228 页 这只大蓝鹭（blue heron, *Ardea herodias*）刚刚捕获了一条北美本土淡水鱼——蓝鳃太阳鱼（bluegill, *Lepomis macrochirus*）。大蓝鹭常年栖息于佛罗里达州等地。

第 228-229 页 公园里有两片沼泽：大的叫“鲨鱼谷”（Shark Valley），上有流入墨西哥湾的“草河”；小的叫“泰勒沼泽”（Taylor Slough），位置更靠南，流入佛罗里达湾。水陆交织的迷宫也一直绵延到与万岛相连的海洋中。

公园简介

- **地理位置**：美国佛罗里达州
- **交通信息**：从迈阿密或大沼泽地市向北出发；或从霍姆斯特德向南出发
- **占地面积**：610 500 公顷
- **建立时间**：1947 年
- **动物资源**：海牛、水獭、佛罗里达美洲狮；50 多种爬行动物（包括美洲短吻鳄、美洲鳄、肯氏海龟、绿色安乐蜥等），60 多种鸟类（包括滑嘴犀鹃、美洲红鹳、美洲鹤、粉红琵鹭、秧鹤、黑剪嘴鸥、鹈鹕、鹦、燕鸥、短尾鵟、食螺鸢、赤肩鵟、鹗、蛇鸟等）
- **植物资源**：红树林、柏树、活橡树、橡胶树、野柠檬、兰科植物
- **著名步道**：蛇鸟步道（Anhinga Trail）、桃花心木步道（Mahogany Hammock）、鲨鱼谷步道（Shark Valley Trails）、火烈鸟步道（Flamingo Trails）
- **气候条件**：暖温带和亚热带气候
- **建议游玩时间**：11 月至次年 3 月

第 230 页 美洲短吻鳄（American alligator, *Alligator mississippiensis*）是北美最大的爬行类动物。春夏时分，雄性短吻鳄会去更开阔的河湖水域，而雌性短吻鳄则多待在沼泽地筑巢、产卵。

第 231 页上 美洲绿鹭（green herons, *Butorides virescens*）身长可达 40 厘米，在黎明和日落时分尤其活跃，白天则隐匿在小沼泽的绿植中。

第 231 页下 西印度海牛（West Indian manatees, *Trichechus Manatus*）生活在河口，主要以草类为食，每天能在布满种子植物的草原上进食 8 个小时。据估计，佛罗里达州大约有 1 800 只西印度海牛。

公园简介

- **地理位置**：哥斯达黎加蓬塔雷纳斯
- **交通信息**：从克波斯区出发（7 千米）
- **占地面积**：陆地面积为 1 983 公顷、海洋面积为 55 210 公顷
- **建立时间**：1972 年
- **动物资源**：绿鬣蜥、浣熊、白鼻浣熊、霍氏树懒、鬃毛吼猴、白脸卷尾猴、红头美洲鹫、褐头啄木鸟、鵎鵼、船嘴鹭、鹗、绿鱼狗、灰颈林秧鸡
- **植物资源**：草莓、雪松、槐树、毒番石榴、马鞭椴树、山榄科、香槐、乳树
- **著名步道**：教堂步道（Catedral Trail）、普拉亚爱斯帕蒂拉步道（Playa Espadilla）、蓬塔雷纳斯埃斯孔迪多港步道（Playa Gemelas y Puerto Escondido）、米拉多尔蓬塔塞鲁乔峰步道（Mirador Punta Serrucho）、拉卡斯卡德步道（La Cascada）
- **气候条件**：热带季风气候
- **建议游玩时间**：12 月至次年 4 月

曼努埃尔·安东尼奥国家公园（Manuel Antonio National Park）

哥斯达黎加

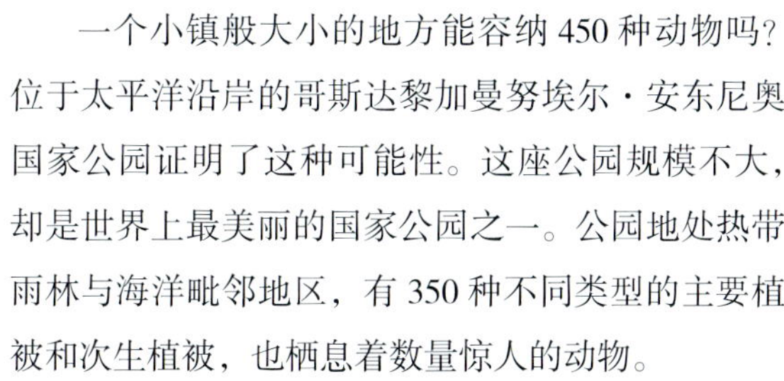

一个小镇般大小的地方能容纳450种动物吗？位于太平洋沿岸的哥斯达黎加曼努埃尔·安东尼奥国家公园证明了这种可能性。这座公园规模不大，却是世界上最美丽的国家公园之一。公园地处热带雨林与海洋毗邻地区，有350种不同类型的主要植被和次生植被，也栖息着数量惊人的动物。

这里的珍稀物种体形不是很大，灰冠松鼠猴毛色发橙或略带红色，不算尾巴的话，身体最长仅为30厘米，其尾巴也是同样的长度。红背松鼠猴家族中有一种中美洲松鼠猴亚种，当地人称狨（tití），也被称为“死人头”，这是因为它们的眼睛周围戴有白色的“面具”，用黑色勾勒出来，就像它们的鼻子一样。它们栖息在北部的图林河（Tulín River）和南部的大特拉巴河（Grande de Térraba River）北岸之间，栖息地海拔不超过500米。就身体质量而言，这种小猴子是脑容量最大的灵长目动物，曼努埃尔·安东尼奥国家公园是其唯一的保护区。然而，该公园面积很小，2000年时，保护区的面积只有现在的三分之一大小，再加上这里又是旅游景点，因此很难维持足够大的种群数量，狨的生存也就越发困难。如今，该物种已被列入濒危物种红色名录。为了连通和扩大这些动物的分布区，并给予它们更多保护，人们建立了“生物走廊”。

尽管狨数量很少，但很容易发现；红眼树蛙数量很多，却不易察觉。这种树蛙身长6~7厘米，色彩种类丰富：红色的眼睛很是突出，绿色的身体两侧有钴蓝色的条纹，橙色的蹼足上长有扁平吸垫。曼努埃尔·安东尼奥国家公园的“赛跑者”——双嵴冠蜥也很常见。这种蜥蜴的体色是丛林绿（保护色），能在水面上奔跑，因此人称“耶稣蜥蜴”。它们长长的鞭状尾巴可以支撑后腿直立并保持平衡，令身体能够进行“水上冲刺”，为了不掉入水中，它们要保持大约每小时10千米的速度。它们张开蹼足向前移动时，会产生一个支撑气囊，为了防止这个“气泡”破裂，双嵴冠蜥会迅速合上脚趾，收回双腿。蜥蜴、猴子、二趾树懒、三趾树懒和各种各样的鸟类一道，在蓬塔大教堂（Punta Catedral）附近安顿下来。“大教堂”高100米，曾经是一个有着悬崖峭壁的岛屿，如今覆盖着一片密林。可能是由于构造抬升，几千年的沉积物沉淀，形成了一座大陆桥，将岛屿与大陆连接起来，后来又长出了许多植被。地峡两侧都是海湾，沙滩上种满了椰子树，潮汐池中生活着几十种海绵、珊瑚和螃蟹。

近海区有离岸流急速流向公海。因为有沙洲的阻挡，水流逐渐累积，水压升高，从而形成海水离岸的回流。海豚和鲸鱼游过公海，越过奥洛库塔岛（island of Olocuita），游到曼努埃尔·安东尼奥国家公园境内。

第232-233页 离海岸不远处，有12个小岛，也隶属于该国家公园。埃斯帕迪拉苏尔海滩景区（Espadilla Sur beach）位于克波斯港（Quepos）和“大教堂”之间的海湾，包括奥洛库塔岛和双生花庄园。

第 234-235 页 森林中生长着黑刺槐（豆科）和木棉树（锦葵科）。在公园建立之前遭受森林砍伐的地区，和 1993 年飓风格特（Gert）摧毁的地区，目前正重焕生机。

第 235 页 霍氏树懒（Hoffmann's two-toed sloth, *Choloepus hoffmanni*）生活在中美洲的热带雨林中。它们以树叶为食，消化缓慢。其进食、交配、睡觉、分娩等一系列活动都是悬在树枝上进行的。

卡奈马国家公园
（Canaima National Park）
委内瑞拉

这是一种丛生的红色花萼，美丽而优雅，高度可达 20 厘米，直径可达 8 厘米。这些花萼生长在雨水和洪流不停冲刷的黑色秃岩间，是食虫性沼泽猪笼草——美丽卷瓶子草（*Heliamphora pulchella*）的消化器官。枝叶边缘紧紧皱缩在一起，形成杯状，内含一个“排水”系统，可以排干暴雨积水，防止消化液中的细菌和酶因稀释过度而失活。这是进化性进化的重要一步，能让这种植物适应其栖息地——平顶山脉上丰沛的降雨环境。在大萨瓦纳，似乎到处都是平顶山脉这样峭壁林立的高原，尽管该地名字在当地语言中意为“稀树草原”，但部分地区却覆盖着茂密的丛林。已知的卷瓶子草属植物大约有 20 种，均生活在贫瘠的平顶山脉上。除了苔藓和地衣，只有能够分解动物蛋白质的植物才能在那里存活下来。除了卷瓶子草属植物外，这里还有五属食虫植物，分别是：靠黏液捕食的茅膏菜属、靠其瓮状结构捕食的嘉宝凤梨属和布罗基凤梨属、靠其真空状小囊捕食的狸藻属，以及使用捕虾篓式陷阱的旋刺草属。

各平顶山间彼此隔绝，石板下面是动物们的栖息地。因此，这里有着独特的异域物种形成机制，每个物种都是一座生态孤岛。罗赖马黑青蛙（Roraima black frog, *Oreophrynella quelchii*）体长只有人类指甲盖大小，不会跳跃，也不会游泳，但擅于攀岩。尖趾鼠（*Podoxymys roraimae*）身长 10 厘米，只生活在罗赖马山。这座著名的平顶山占地 31 平方千米，位于委内瑞拉、巴西和圭亚那三国交界处。卡奈马国家公园 65% 的土地由平顶石头山覆盖，其最高峰便是罗赖马山。

前寒武纪石英砂岩高原有近 20 亿年的历史，厚达数英里（1 英里约等于 1.609 千米），底部是花岗岩。人们曾认为物种分化源于该高原单一且广阔的残遗动植物区系，但有人提出，一种名叫“平顶山树蛙”（*Hypsiboas Tepuianus*）的本土蛙类似乎是从周边一个群居物种进化而来的，这显然驳斥了前人的观点。数百万年来，前寒武纪石英砂岩高原一直受构造剧变、下沉和侵蚀的影响，最终形成平顶山脉。其中各山峰平均海拔 300 米，马他维（Matawi）和库克南（Kukenán mesa）等山峰顶部近乎水平；其余山峰则顶部十分倾斜，如奥扬台地（Auyán mesa），世界上落差最大的瀑布——安赫尔瀑布（Salto Angel Falls）从该山倾泻而下，落差达 979 米。这种古老的砂岩层不断受到流水侵蚀，形成了与石灰岩构成的喀斯特地貌相似的现象。岩石高原上有星星点点的岩坑，一个个洞穴横穿高原，甚至有一条洞穴纵贯奥塔纳台地（Autana mesa）。偏远的萨里萨里尼亚马台地（Sarisariñama mesa）则与众不同，这里拥有最多且最大的垂直洞穴（天然井），但同样覆盖着茂密的树林。

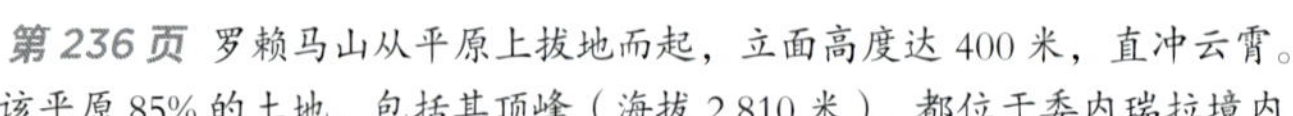

第 236 页 罗赖马山从平原上拔地而起，立面高度达 400 米，直冲云霄。该平原 85% 的土地，包括其顶峰（海拔 2 810 米），都位于委内瑞拉境内。

第 236-237 页 安赫尔瀑布从奥扬特普伊山（Auyan tepui）直泻而下，总落差 979 米，最长一级瀑布高 807 米。因其落差特殊、水量有限，强风时，瀑布还没落地就蒸发完了。

公园简介

- **地理位置**：委内瑞拉玻利瓦尔州
- **交通信息**：从卡奈马出发（乘飞机从圭亚那城的奥尔达斯港起飞）
- **占地面积**：300 万公顷
- **建立时间**：1962 年
- **动物资源**：大犰狳、巨獭、大食蚁兽、美洲豹、小虎猫、虎猫、美洲狮、白喉三趾树懒、白面僧面猴、丛尾猴、红吼猴、白秃猴、尖趾鼠、驼鼠、泰氏鼠负鼠、美洲角雕、红肩金刚鹦鹉、灰鹦鹉、火红肩锥尾鹦鹉、灰喉穴䴕、淡红鸫鹛
- **植物资源**：仅大萨瓦纳就有 300 多种本土植物，还有多种食虫植物
- **步道**：公园内未铺设道路，鲜有道路可通行；人们可乘船或小型飞机游览，也可徒步数日领略公园风光
- **气候条件**：森林气候与热带草原气候
- **建议游玩时间**：9 月至 11 月

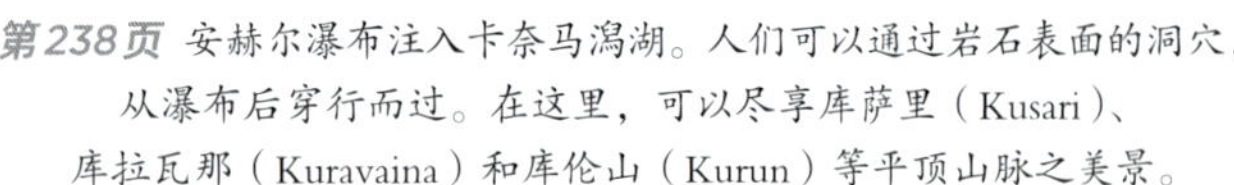

第238页 安赫尔瀑布注入卡奈马潟湖。人们可以通过岩石表面的洞穴，从瀑布后穿行而过。在这里，可以尽享库萨里（Kusari）、库拉瓦那（Kuravaina）和库伦山（Kurun）等平顶山脉之美景。

第238-239页 阿查瀑布（Salto Hacha）最终也流入卡奈马潟湖，因其湖水单宁酸浓度过高而呈现出一种独特的红色。卡劳河（Carrao River）的河水流向该瀑布，也流向萨波瀑布（El Sapo）、萨皮托瀑布（El Sapito）、乌卡伊马瀑布（Ucaima）和戈隆德里纳瀑布（Wadaima Golondrinas）。

加拉帕戈斯国家公园
（Galápagos National Park）
厄瓜多尔

1971 年，研究人员在平塔岛发现“孤独的乔治”（Lonesome George）时，认为它是平塔岛象龟（加拉帕戈斯象龟的一个亚种）最后一个个体。人们引进的外来物种——山羊在这片荒无人烟的岛屿上疯狂繁殖，吞噬了大部分植被，进而抢走了巨龟们的食物。2012 年，“孤独的乔治”去世，它在加拉帕戈斯国家公园待了大约 40 年。其寿命不详，但一定超过了 100 岁。

圣克鲁斯岛达尔文研究站的科学家们曾尝试帮助它繁殖，以期其基因型得以保存。因为没有与其同亚种的雌龟，科学家们让乔治与一只来自伊莎贝拉岛沃尔夫火山地区的加拉帕戈斯雌性象龟，还有一只来自艾斯潘诺拉岛的加拉帕戈斯雌性象龟一同生活。这两只亚种被认为是与乔治基因最为接近的亚种，但产下的蛋都没有存活。那么，所有的希望都破灭了吗？事实并非如此，根据血样全面检验报告，沃尔夫火山象龟曾与平塔岛象龟和弗雷里安纳岛上已灭绝的内格拉火山象龟（*Chelonoidis elephantopus Galápagos* tortoise）交配，因此其种群中有杂交龟。根据史料记载，18 世纪时经常来此地的海盗和捕鲸者在火山脚下圈养象龟作为食物。他们四处捕捉象龟，不顾它们之间的物种差异，都圈养在一起。正如我们所知，的确有交配成功的“异种夫妇”。但撇开杂交龟种不谈，最初统计的加拉帕戈斯象龟 14 个亚种中，有 10 个至今仍生活在此地。目前该物种的种群数量为 2 万只，其中近一半来自伊莎贝拉岛上的 5 个亚种。

加拉帕戈斯群岛由 20 个主岛和赤道两侧约 100 个小岛与礁石组成，其中伊莎贝拉岛占该群岛总面积的一半。这里生活着许多原始爬行动物，有的已有 150 岁高龄，它们栖息在此，还曾和许多种雀类一起，启发达尔文提出自然选择的进化论，是岛屿上真正的“明星”。1835 年，这位英国博物学家在“比格尔”号航行期间观察到，这些火山岛上物种形成程度很高。这些岛屿位置偏远，距离厄瓜多尔大陆近 1 000 千米；且相对“年轻”：最古老的火山岛形成于 500 万年前 ~300 万年前，最新形成的时间还不到 100 万年。

加拉帕戈斯群岛 97% 的面积是为纪念达尔文《物种起源》出版 100 周年所建的国家公园。该群岛尽管历史悠久、土壤稀少，仍有许多“科学新大陆”等待人们去探索。举个例子，大约 10 年前，研究人员对 1986 年发现的一只带有深色条纹的粉色鬣蜥展开研究，结果发现了新物种，导致此地陆鬣蜥的种类从两种增至三种，而海鬣蜥的种类数量则保持不变。目前已知只有一种海鬣蜥，就生活在这些岛屿上。

第 241 页 谢拉·内格拉火山呈周期性喷发。最近一次喷发是在 2005 年，当时是通过次级喷口喷发的。这座盾状火山是伊莎贝拉岛上最古老的火山。

公园简介

- **地理位置**：厄瓜多尔加拉帕戈斯
- **交通信息**：从基多或瓜亚基尔乘飞机出发
- **占地面积**：797 000 公顷
- **建立时间**：1959 年
- **动物资源**：蝙蝠、6 种啮齿动物和 4 种爬行动物，加利福尼亚海狮和加拉帕戈斯海狮、南美毛皮海狮、加拉帕戈斯企鹅（栖息地最北的企鹅种群）、弱翅鸬鹚、加拉帕戈斯信天翁、岩鸥、鹭、鳽、加拉帕戈斯秧鸡
- **植物资源**：500 种维管植物，其中 180 种为本土植物
- **著名步道**：圣达菲步道（Santa Fé）、圣克里斯托岛军舰鸟山步道（Frigate Bird Hill）、巴托洛梅岛步道（isola di Bartolomé），伊莎贝拉岛谢拉 · 内格拉步道（Sierra Negra）
- **气候条件**：沙漠气候与亚热带草原气候
- **建议游玩时间**：全年
- **有关规定和其他信息**：游客只能参观指定区域，且须有专业导游全程陪同

第 242 页上 平纳克尔岩（Pinnacle Rock）是巴托洛梅岛的象征。这是一座死火山，表面积仅为 1.2 平方千米。一条狭长的海湾横亘在该岛与面积稍大的圣地亚哥岛（图中背景所示）之间。

第 242 页下 阿尔塞多火山象龟是加拉帕戈斯象龟亚种，龟壳呈圆形，体形适中，是伊莎贝拉岛阿尔塞多火山地区的特有物种，被列为濒危动物。

第 242-243 页 海鬣蜥往往集群而居。加拉帕戈斯海鬣蜥（Galapagos marine iguana, *Amblyrinchus Criatus Venustissimus*），是艾斯潘诺拉岛和加德纳岛（占地 10 平方千米）的特有物种，以其多彩的肤色而闻名。

第 244-245 页 加拉帕戈斯海鬣蜥主要以藻类为食。它们能将爪子紧贴在 4~5 米深的岩石上，维持约 20 分钟；还能在深处屏住呼吸，维持更长的时间。

第 246 页 斯氏牛鼻鲼（golden cownose ray, *Rhinoptera steindachneri*）生活在浅海水域。加拉帕戈斯群岛周围的海域都受海洋保护区的保护，该保护区面积为 133 000 平方千米，建成于 1998 年，并于 2001 年被联合国教科文组织列入《世界遗产名录》。

第 246-247 页 加拉路氏双髻鲨（viviparous scalloped hammerhead shark, *Sphyrna lewini*）通常生活在 200 米以下的深海水域。该公园内共有 2 900 个物种（包括 24 种哺乳动物），其中 25% 都是本土物种。

潘塔纳尔马托格罗索国家公园
(Pantanal Matogrossense National Park)
巴西

潘塔纳尔马托格罗索国家公园是一片面积约为240 000平方千米的沼泽，位于巴西、玻利维亚和巴拉圭三国交界处，可以简称为“南美中心的淡水海”。该公园在巴西境内位于马托格罗索州及南马托格罗索州，占地面积达到150 000平方千米，为三国之首。该公园也是世界上最大的湿地，地势微斜，周围环绕着高原和山脉。

公园地处热带，几天的强降雨就足以让土壤吸收不下，广阔的泛滥平原也因此展现出了独特的地貌。水域内，巴拉圭河等河流与湖泊水位会随之暴涨，因此从10月、11月至次年3月，潘塔纳尔地区三分之二的土地都被水淹没，成为数百万凯门鳄的狩猎区。只有一些高山的山顶幸免于洪水，变成了覆着植被的岛屿，也因此成为动物们的家园。到了旱季，河、湖的水位会下降到正常水平，这里又会变成植物的天地：草地、小棕榈树、林地和灌木丛、大草原和卡汀珈（字面意思是“灰色的森林”，实际上是一种常年干燥的植被类型）轮番上阵。此时正是观察鸻（一种鸟类）的最佳时期，这种鸟以被困在浅水区的鱼类为食。此地还生活着600多种鸟类，有红色脖子、高达1.4米、翼展近乎身长2倍的裸颈鹳，还有鹮、凤头距翅麦鸡，以及26种鹦鹉，其中包括风信子金刚鹦鹉，又名蓝紫金刚鹦鹉，是世界上个头最大、飞行能力最强的鹦鹉。

当地特有的潘塔纳尔美洲豹是美洲豹家族最大的亚种，也是国家公园周边地区的一大瑰宝，守护着巴西境内潘塔纳尔地区略大于1%的土地。该公园位于巴拉圭河和库亚巴河的交汇地带，阿莫拉山脊（Serra do Amoral）环绕四周，每年有8个月都处在洪水之中。由于非法贸易和森林砍伐（部分是为牲畜开造牧场，因为在潘塔纳尔地区，几乎所有的土地都属于私人所有），风信子金刚鹦鹉的栖息地正遭受破坏。这种鹦鹉主要以亚马孙棕榈、尤鲁库里棕榈、格鲁格鲁棕榈的小坚果为食，喜欢在树龄80年以上的巴拿马树树干上部筑巢，那里的树洞很大，足以为它们遮风挡雨。然而，这些老树非常脆弱，需要小树们的保护。因此，20世纪80年代至90年代，在潘塔纳尔地区，这种美丽鸟类的数量减少到了1 500只。幸运的是，部分得益于1990年启动的“风信子金刚鹦鹉”项目，其数量增至5 000只（也就是巴西的大部分风信子金刚鹦鹉）。因此，这种鸟类已由濒危物种转为易危物种。然而，树干上的树洞数量远远不够这些鸟类安家，因此人们为其筑造了一些洞口，许多农庄主也学会了保护自己地盘上的鸟类。

第248页 巨獭（giant otter, *Pteronura Brasiliens*）是南美洲的特有物种，同时也是濒危物种。根据DNA分析报告，巨獭有四个不同的种群，其中一个只生活在潘塔纳尔地区。

第248-249页 潘塔纳尔地区是一片巨大的内部三角洲，发源于巴拉圭河及其数十条支流，其中最大的是库亚巴河、塔夸里河和米兰达河。这里的年平均降雨量为1~1.2米，雨季则会升至2~5米。

公园简介

- **地理位置**：巴西马托格罗索州
- **交通信息**：从若夫里港（距库亚巴潘塔纳尔公路约 250 千米）出发，乘船沿库亚巴河行驶 150 千米；或从科伦巴出发，乘船沿巴拉圭河行驶 250 千米
- **占地面积**：136 000 公顷
- **建立时间**：1981 年
- **动物资源**：南美泽鹿、豹猫、大食蚁兽、巨獭、大犰狳、丽舟双壳蚌（*Lamproscapha ensiformis mussel*）、栗腹冠雉
- **植物资源**：迪奥戈花生（*Arachis diogoi*）、凌云阁（*Cleistocactus baumannii ssp. Horst*）、阔叶稻、展颖野生稻、亚马孙王莲
- **气候条件**：亚热带气候
- **建议游玩时间**：5 月至 9 月（旱季）
- **有关规定和其他信息**：除特殊参观外，不予开放

第 250 页 南美黑冠白颈鹭（South American cocoi heron, *Ardea cocoi*）与苍鹭和大蓝鹭的不同之处在于，它生来戴着黑色“头巾”，垂至眼睛下方。但像它的“表亲”一样，当它优雅地缓缓飞行时，长长的喉咙会弯成 S 形。

第 250-251 页 巴拉圭凯门鳄（Yacare caiman, *Caiman yacare*）平均身长 2.5 米，是潘塔纳尔地区的特有物种。据估计，其种群数量约有 1 000 万只，可能是世界上最大的单一鳄鱼种群。

公园简介

- **地理位置**：阿根廷米西奥内斯省；巴西巴拉那省
- **交通信息**：从阿根廷伊瓜苏港出发（20 千米）；或从巴西伊瓜苏市出发（17 千米）
- **占地面积**：67 720 公顷
- **建立时间**：1934 年（阿根廷）；1939 年（巴西）
- **动物资源**：80 种哺乳动物，450 种鸟类
- **植物资源**：鸡冠刺桐（阿根廷国花）
- **著名步道**：马古高步道（Macuco）、上环步道（Circuito Superior）、“魔鬼咽喉”步道（Garganta del Diablo）、下环步道（Circuito Inferior）
- **气候条件**：亚热带湿润气候
- **建议游玩时间**：3 月至 11 月（此时瀑布水量充盈）

伊瓜苏国家公园
（Iguazú National Park）
阿根廷

从水花浸透的高地上俯瞰，似乎地球上所有的水都伴随着巨大的咆哮声落入名为“魔鬼咽喉”的无底峡谷。伊瓜苏瀑布宽 150 米、长 700 米，每秒流速 1 800 立方米，在此形成 U 形瀑布群，落差达到 80 米。尽管这座瀑布最引人注目，但也只是绵延近 3 千米的伊瓜苏瀑布群内 270 座大瀑布之一。公园所处的玄武岩地带形成于 1.2 亿年前，受其影响，伊瓜苏河的宽度增加了近 1.5 千米，而后水位又骤降 25 级。为了抵达目的地，注入 20 千米之外的巴拉那河，伊瓜苏河一路奔流向前，卷噬着沿途的一切。河岸与小岛上笼罩着几层薄雾，滋润着河流周围本就十分茂盛的植被，许多本土特有的动植物在此蓬勃生长，形成了独特的微气候。

瀑布水幕后的岩壁便是大黑雨燕的栖息地。像普通雨燕一样，这是一种几乎一生都在飞行的“无脚鸟”，只有需要紧紧附在潮湿的垂直岩壁上时，它们才会用到自己的短腿。

公园内的亚热带雨林里生长着 2 000 多种维管植物，现在，这片大西洋沿岸热带雨林与世隔绝，实际上，它曾经包括巴西沿海的大部分地区，还渗透到乌拉圭内陆、阿根廷北部和巴拉圭东部等地。然而不幸的是，如今这片广袤的“绿色海洋”只剩下 7%，主要分布在巴西的巴伊亚州、圣埃斯皮里图州和伊瓜苏州之间。这片雨林中最高的树是多脉白坚木（*Aspidosperma polyneuron*），高达 40 米，且直径可达 2 米，树干笔直、光滑、呈玫瑰色，因此又被称为“玫瑰红盾籽木”。整棵树只有粗大的树冠和虬曲的枝条上生长着叶子。可食埃塔棕（*Euterpe edulis*）生长在树荫下，又名可食纤叶椰或小棕榈。其果实可以食用，树干细长，高 15~20 米，树叶呈羽状叶下垂。

森林的地表是蕨类植物和各种兰花的海洋。公园内，大约 250 种蝴蝶四处飞舞，包括欢乐女神蝶（*Morpho didius*），扇动着宽达 15 厘米的蓝色翅膀，闪闪发光。貘、豹猫、美洲山猫、大食蚁兽、虎猫、南美宽吻鳄、南美浣熊、各种吼猴、鹦鹉等动物的种群数量原本十分庞大，近来却大幅减少。这里还有一种极其罕见、难以捉摸的生物——美洲角雕，它是世界上体形最大的鹰，翼展可达 2 米，顶冠上长有竖起的羽毛，爪长可达 13 厘米。然而不幸的是，在保护区之外，由于持续性森林砍伐，其栖息地已深受破坏。另一位“受害者”是生活在河流附近茂密树林里的美洲豹。如今，越来越多的美洲豹只生活在国家公园及其邻近地区，因此这片大西洋沿岸热带雨林中的美洲豹数已减少至 50 只。

当然，要保护珍贵的动物资源，不能只局限于米西奥内斯省的国家公园。该国家公园还有一个姊妹公园，坐落于阿根廷边境以北的巴西巴拉那省，那里的瀑布总数虽然只占瀑布群的 20%，但拥有更佳的全景视角，其占地面积是阿根廷伊瓜苏国家公园的三倍之多。

第 252-253 页 清晨，黑美洲鹫（American black vulture, *Coragyps Atratus*）乘着热气流飞越瀑布。公园内还有成群结队的红头美洲鹫、小黄头美洲鹫和王鹫。

第 254-255 页 要抵达壮观的“魔鬼咽喉”瀑布对面的高地，必须要经过伊瓜苏河上的人行道系统。该系统长度超过 1 千米，是为适应河流旱季和雨季的不同水位建造而成的。

洛斯格拉兹阿勒冰川国家公园

（Los Glaciares National Park）

阿根廷

据欧洲航天局称，在过去50年里，大多数冰川受全球气候变暖的影响开始逐渐消融，但佩里托莫雷诺冰川是个特例，它是唯一能够抵御全球气候变暖的冰川。然而，近年来，其两侧也开始出现冰块崩塌的迹象。尽管很难想象这种趋势会有所逆转，但这片长达30千米、表面积达258平方千米的巨大蓝白色冰原仍旧岿然不动。冰原底部宽5千米，上部宽60米，长度是下面冰山通道运河（Canal de los Témpanos）的两倍。该运河流向阿根廷湖，湖上漂浮着不断从冰川上破裂脱离出来的冰块。伴随着震耳欲聋的轰鸣声，这些冰块不断向麦哲伦半岛尖端移动，周而复始，形成一座大坝，截断了冰山通道运河和近黎各湖（阿根廷湖在半岛南部的水域）之间的水流，从而导致水位激增。水流不断撞击佩里托莫雷诺冰川，造成巨大的冰层破裂和冰川坍塌。冰原底部也会随之后移，但很快又会朝着同样的方向前进，不管是一年还是十年，它都会走向必然的归宿。

世界其他地区的冰川海拔高度都在2 500米以上，但圣克鲁斯省的冰川海拔高度均在1 500米下降到200米之间，与南美洲最大的淡水水库——南巴塔哥尼亚冰原的海拔高度相同。太平洋上的暖湿西风向东深入，受洪堡寒流影响，与山脉相撞，使该亚北极地区成为世界上最大的风暴源地之一，再加上频繁而猛烈的降水，导致大量积雪，积雪又结成冰。这片冰原共孕育了47座冰川，其中13座流向大西洋，为阿根廷湖及其以北的别德马湖提供水源。其中一座正是佩里托莫雷诺冰川，从陆路很容易到达。除此之外，还有南美最大的冰川之一——面积达900平方千米的乌普萨拉冰川以及面积只有66平方千米的斯佩嘎齐尼冰川。

顾名思义，洛斯格拉兹阿勒冰川国家公园大多数地区都覆盖着冰层，但是也生长着许多矮假山毛榉（*Nothofagus pumilio*）和桦状南青冈（*Nothofagus betuloides*）。园内还有两座山峰，对攀登者来说极具挑战性，因此被世界各地的登山者奉为"圣山"。其中一座是托雷峰，这是一座令人惊叹的楔形花岗岩山，峭壁高900米，通向冰蘑菇峰和公园最高峰——菲茨罗伊山（海拔3 405米）。该山部分位于智利境内，因其常日云雾缭绕，又名"香烟山"。

第256页 对于非登山爱好者而言，三小湖是最近的观景点，沿着一条相对平坦的小径步行5个小时就能到达。这里海拔比埃尔查尔腾镇高700米，人们在此可以一览菲茨罗伊山的壮观景象。

公园简介

- **地理位置**：阿根廷圣克鲁斯省
- **交通信息**：从埃尔卡拉法特出发（78千米）
- **占地面积**：445 900公顷（此外还有145 100公顷的别德马、森特罗、罗卡自然保护区）
- **建立时间**：1937年
- **动物资源**：安第斯神鹫、南安第斯驼鹿、湍鸭、小美洲鸵、智利马驼鹿、原驼、美洲狮、灰狐
- **植物资源**：伞科麒麟草（*Mulinum spinosum*）、智利火焰树、小叶小檗
- **著名步道**：从里奥图内尔徒步至埃尔查尔腾镇，此地有两条小路分别通向卡普里湖和托利湖
- **气候条件**：寒冷半干旱气候
- **建议游玩时间**：11月初至次年4月末

第 258-259 页 托雷峰的两侧还有两处花岗岩峰，分别是埃格峰和史丹哈峰。从托雷拉古纳出发，穿过一条小路，就能抵达最近的全景观赏地——马埃斯特里观景台。

第260-261页 佩里托莫雷诺冰川绵延30千米，是南美洲著名景点之一。从埃尔卡拉法特出发，不管是乘坐小汽车还是公共汽车，都可以欣赏到沿途壮美的冰川之景。

第261页 佩里托莫雷诺冰川还在移动，它触碰到陆地时，便会阻塞阿根廷湖的流动。而湖水为了重新流动，开始划破冰层，周而复始，形成了会周期性坍塌的“桥梁”，极具特色。

百内国家公园
（Torres del Paine National Park）
智利

“百内三塔”是公园内的标志性景点，得名于公园内三座花岗岩山峰。黎明和日落时分，它们在太阳的光芒下变幻出各种色调的灰色和红色。1880年，英国作家、旅行家弗洛伦丝·迪克西夫人（Lady Florence Dixie）来到这里，她是进入该地区的第一位女探险家。彼时，她将这几座山峰命名为克莱奥帕特拉之针（Cleopatra's Needles）。显然，她想到了自己动身前往智利南部崎岖的巴塔哥尼亚省的两年前，古埃及统治者曾赠予伦敦一座古埃及方尖碑作为礼物，那么，这座方尖碑岂不是在一天之内体验到了各种各样的天气状况？

百内角峰位于太平洋和安第斯山脉之间，部分覆盖着雄伟的南巴塔哥尼亚冰原（仅次于南极洲和格陵兰岛的全球第三大陆地冰盖）的残余。从某种程度上来说，百内角峰类似于火地岛，是1200万年前岩浆的多次侵入作用形成的。岩浆逐步侵入数千英尺（1英尺约等于30.48厘米）厚的沉积岩，而沉积岩的顶部覆盖着9 500万~7 500万年前白垩纪时期沉积下来的深海有机残骸。随着时间的推移，冰川将三座“塔”塑造成巨大的石笋，形成百内角，三个百内角相互堆叠，向下形成多座幽深的山谷，比如法国谷，就是在百内主峰群的最高峰——百内主峰（海拔3 050米）的影响下形成的。同时，冰川融化后会注入格雷湖、百内河等河湖。迪克森湖通过百内河与托罗湖相连，并创造出三个美丽的瀑布。这一切仿佛构成了一幅风景图：湖水呈翡翠色，不算清澈，但极其冰冷，条状的冰缓缓滑入水中；高耸的角峰云雾缭绕；形似小鸵鸟的小美洲鸵在狂风肆虐的草原上栖息，成群的原驼（美洲驼的“表亲”）再一次占领了牧场。在百内国家公园建立之前，这里曾是饲养绵羊的牧场。为数不多的美洲狮是绵羊们唯一的天敌，但在这无处遁形的广袤土地上，它们也难以对羊群构成真正的威胁。

1978年，百内国家公园被联合国教科文组织列为世界生物圈保护区。它是南美洲最壮观的景点之一，园内风景秀丽，有许多引人注目的花岗岩山峰，海拔均超过2 000米。该公园在许多方面都极具价值。在跨越北纬51度的廷德尔冰川上，有一个重要的化石矿床，距离海洋和“50嚎叫者”强劲西风带只有几英里（1英里约等于1.609千米）。在西南部的这块冰原上，人们已经发现了40多只全部或部分完整的鱼龙骨架，这些“鱼蜥蜴”生活在2.5亿至9000万年前的下三叠纪到白垩纪时期。通过这些集中出现的骨架标本，可以追溯这些尖牙尖喙的海洋爬行动物的灭绝时期、研究已发现的四个物种的演变过程，还可以观察到令人惊叹的标本保存状态（甚至包括脊髓等软组织），因此这些骨架的发现非常重要。骨骼的大小变化也十分明显，从母体子宫中的胚胎到幼崽，再到长达5米的标本，这些骨骼标本展现出“鱼蜥蜴”生长过程中身体的大小一直在发生变化。

第262页 *百内角峰又名“犄角山”，因北面、东面和正面各有一个“岩石角”而得名。三个“岩角”海拔高度分别为2 200米、2 000米和2 600米。山底和山顶是沉积岩，山体部分（厚700米）则是花岗岩。*

公园简介

- **地理位置**：智利麦哲伦－智利南极大区
- **交通信息**：从纳塔莱斯港出发（112千米）
- **占地面积**：227 298公顷
- **建立时间**：1959年
- **动物资源**：26种哺乳动物（包括原驼、美洲狮、智利马驼鹿等）和115种鸟类（包括小美洲鸵、安第斯神鹫、智利红鹳、白草雁、黑颈天鹅等）
- **植物资源**：巴塔哥尼亚草原、前安第斯灌木丛、麦哲伦亚极地森林和安第斯沙漠植被
- **著名步道**：全长约250千米，主要有“W”形步道和环形步道
- **气候条件**：热带雨林气候，全年多雨，无旱季
- **建议游玩时间**：10月至次年4月

第 264 页 通往“百内三塔”的“W”形步道是整个公园中最受欢迎的步道。“W”第三个点（上方）对应的是一个瞭望台，可以直接看到“三塔”——海拔 2 600 米的北峰（又叫“蒙济诺峰”）、海拔 2 800 米的主峰以及海拔 2 850 米的南峰（又叫“阿戈斯蒂尼峰”）。

第 265 页上 原驼（guanaco, *Lama guanicoe*）与美洲驼同属于骆驼科。尽管原驼的种群数量非常庞大，但因其肉质鲜美、皮毛珍贵，是猎杀的重点对象。一直以来，在保护区的庇护下，它们才得以生存。

第 265 页下 小美洲鸵（Daewin’s rhea, *Rhsea pennata*）是生活在南美高地上的一种“鸵鸟”，高达 1 米，足具三趾，缺后趾。颈部和腿部均有羽毛，无真正尾羽。翅发达，不会飞行，但奔跑极快，速度可达每小时 60 千米。

第 266-267 页 格雷冰河从南部冰原一直延伸到其同名湖泊——格雷湖，绵延 20 千米。在这张照片中，冰针与山上的岩针争奇斗艳、交相媲美。

作者简介

埃莱娜·比安基（Elena Bianchi），著名的资深记者，为报纸和杂志撰写有关旅行的文章，同时为广播电视制作旅游节目。自 1999 年以来，她一直担任《子午线》（*Meridiani*）杂志的编辑。她是一个充满激情的环球旅行家，总是独自旅行：从哥伦比亚和玻利维亚的高原到秘鲁的亚马孙森林，再到智利和阿根廷炎热的沙漠，最远到合恩角；从阿尔及利亚到莫桑比克和南非；从蒙古到缅甸、印度尼西亚和新西兰；甚至远至阿拉斯加、加拿大和冰岛最寒冷的地区。埃莱娜有众多的读者粉丝。

图片来源

Pages 2-3 Andy Rouse/naturepl.com
Pages 4-5 © Johan Swanepoel/Alamy Stock Photo
Page 7 Jack Dykinga/naturepl.com
Page 9 Juan Carlos Munoz/naturepl.com
Pages 10-11 Hougaard Malan/naturepl.com
Pages 12-13 Ingo Arndt/naturepl.com
Page 15 Inaki Relanzon/naturepl.com
Page 16 Juan Carlos Munoz/naturepl.com
Page 17 Erlend Haarberg/naturepl.com
Pages 18-19 Orsolya Haarberg/naturepl.com
Page 20 Erlend Haarberg/naturepl.com
Pages 20-21 Staffan Widstrand/naturepl.com
Pages 22-23 Jorma Luhta/naturepl.com
Page 25 Roy Mangersnes/naturepl.com
Pages 26-27 Andy Rouse/naturepl.com
Page 28 Andy Rouse/naturepl.com
Page 29 Ole Jorgen Liodden/naturepl.com
Pages 30-31 Kevin Schafer/naturepl.com
Pages 32-33 Adam Burton/naturepl.com
Page 33 Adam Burton/naturepl.com
Page 34 Adam Burton/naturepl.com
Pages 34-35 Ben Hall/2020VISION/naturepl.com
Pages 36-37 David Noton/naturepl.com
Page 37 David Noton/naturepl.com
Page 38 top and bottom Adrian Davies/naturepl.com
Page 39 Adrian Davies/naturepl.com
Page 40 Aukasz Kurbiel/123RF
Pages 40-41 Jacek Nowak/123RF
Pages 42-43 Jacek Nowak/123RF
Pages 44-45 Florian Möllers/naturepl.com
Page 46 Philippe Clement/naturepl.com
Page 47 Florian Möllers/naturepl.com
Page 49 Nico van Kappel/age fotostock
Page 50 Michael Dietrich/imageBROKER/age fotostock
Page 51 Bernard van Dierendonck/LookImages/REDA&CO/cuboimages
Pages 52-53 HAGENMULLER Jean-François/AGF/HEMIS
Page 54 Biosphoto/AGF
Pages 54-55 © Biosphoto/Photoshot
Pages 56-57 Benjamin Barthelemy/naturepl.com
Pages 58-59 CAVALIER Michel/AGF/HEMIS
Page 59 CAVALIER Michel/AGF/HEMIS
Page 60 Razvan/iStockphoto
Pages 60-61 DESGRAUPES Patrick/AGF/HEMIS
Page 62 Wild Wonders of Europe/E Haarberg/naturepl.com
Pages 64-65 Juan Carlos Munoz/naturepl.com
Page 66 Juan Carlos Munoz/naturepl.com
Page 67 Wild Wonders of Europe/E Haarberg/naturepl.com
Page 68 Michal Bednarek/123RF
Pages 68-69 Wild Wonders of Europe/E Haarberg/naturepl.com
Pages 70-71 Angelo Gandolfi/naturepl.com
Page 71 top and bottom Angelo Gandolfi/naturepl.com
Pages 72-73 zodebala/iStockphoto
Page 73 LUNAMARINA/iStockphoto
Page 74 Jabruson/naturepl.com
Pages 74-75 Jabruson/naturepl.com
Page 76 Andy Rouse/naturepl.com
Page 77 top and bottom Andy Rouse/naturepl.com
Page 78 Jabruson/naturepl.com
Page 79 Jabruson/naturepl.com
Page 80 Staffan Widstrand/naturepl.com
Pages 80-81 DENIS-HUOT Michel/AGF/HEMIS
Pages 82-83 DENIS-HUOT Michel/AGF/HEMIS
Page 83 DENIS-HUOT Michel/AGF/HEMIS
Pages 84-85 DENIS-HUOT Michel/AGF/HEMIS
Page 85 DENIS-HUOT Michel/AGF/HEMIS
Pages 86-87 Pal Teravagimov/iStockphoto
Pages 88-89 DENIS-HUOT Michel/AGF/HEMIS
Pages 90-91 Luis Davilla/age fotostock
Pages 92-93 Tony Heald/naturepl.com
Page 93 Sharon Heald/naturepl.com
Page 94 skilpad/iStockphoto
Pages 94-95 Enrique Lopez-Tapia/naturepl.com
Pages 96-97 © Robert Harding Picture Library Ltd/Alamy Stock Photo
Page 97 Charlie Summers/naturepl.com
Page 98 Enrique Lopez-Tapia/naturepl.com
Page 100 © Martin Harvey/Alamy Stock Photo
Page 101 © Peter Adams Photography Ltd/Alamy Stock Photo
Pages 102-103 © Ann and Steve Toon/Alamy Stock Photo
Page 103 Felix Lipov/123RF
Pages 104-105 David Noton/naturepl.com
Page 105 Laurent Geslin/naturepl.com
Page 106 Richard Du Toit/naturepl.com
Pages 106-107 Ann & Steve Toon/naturepl.com
Pages 108-109 Hougaard Malan/age fotostock
Page 109 FLPA/Shem Compion/age fotostock
Page 110 Jouan & Rius/naturepl.com
Pages 110-111 Inaki Relanzon/naturepl.com
Pages 112-113 Nick Garbutt/naturepl.com
Page 113 Visuals Unlimited/naturepl.com
Pages 114-115 Inaki Relanzon/naturepl.com
Page 115 Nick Garbutt/naturepl.com
Pages 116-117 McPHOTO/age fotostock
Page 117 WYSOCKI Pawel/AGF/HEMIS
Page 118 Gavin Hellier/naturepl.com
Pages 118-119 Gavin Hellier/naturepl.com
Page 120 CSP_rglinsky/Fotosearch LBRF/age fotostock
Pages 120-121 Albatross Aerial Photography Dub/AGF
Page 122 PhotoStock-Israel/age fotostock
Page 123 PhotoStock-Israel/age fotostock
Pages 124-125 Theo Webb/naturepl.com
Page 125 Francois Savigny/naturepl.com
Page 126 Matthew Maran/naturepl.com
Page 127 Francois Savigny/naturepl.com
Page 128 Enrique Lopez-Tapia/naturepl.com
Pages 128-129 Enrique Lopez-Tapia/naturepl.com
Pages 130-131 Enrique Lopez-Tapia/naturepl.com
Page 133 Visuals Unlimited/naturepl.com
Pages 134-135 Steve Peterson Photography/Getty Images
Pages 136-137 Bamboome/iStockphoto
Page 137 © zechina/Alamy Stock Photo
Page 138 Igor Shpilenok/naturepl.com
Pages 138-139 Igor Shpilenok/naturepl.com
Page 140 Igor Shpilenok/naturepl.com
Pages 140-141 Igor Shpilenok/naturepl.com
Pages 142-143 Igor Shpilenok/naturepl.com
Pages 144-145 Gavriel Jecan/age fotostock
Pages 146-147 Ben Cranke/naturepl.com
Page 148 Anup Shah/naturepl.com
Pages 148-149 Anup Shah/naturepl.com
Page 150 Yukihiro Fukuda/naturepl.com
Pages 150-151 Yukihiro Fukuda/naturepl.com
Pages 152-153 Will Burrard Lucas/naturepl.com
Page 153 Michael Pitts/naturepl.com
Page 154 © Greg Vaughn/Alamy Stock Photo
Page 154-155 © Mint Images Limited/Alamy Stock Photo
Page 156 Doug Perrine/naturepl.com
Page 157 Doug Perrine/naturepl.com
Page 158 GARCIA Julien/AGF/HEMIS
Pages 158-159 Auscape/Getty Images
Pages 160-161 Steven David Miller/naturepl.com
Page 161 Michael Pitts/naturepl.com
Page 162 top and bottom Hanne & Jens Eriksen/naturepl.com
Pages 162-163 Jouan & Rius/naturepl.com
Page 164 top Steven David Miller/naturepl.com
Page 164 bottom Jouan & Rius/naturepl.com
Page 165 Steven David Miller/naturepl.com
Page 166 © blickwinkel/Alamy Stock Photo
Pages 166-167 McPHOTO/age fotostock
Pages 168-169 LEMAIRE Stéphane/AGF/HEMIS
Page 170 Jurgen Freund/naturepl.com
Pages 170-171 Inaki Relanzon/naturepl.com
Pages 172-173 Jurgen Freung/naturepl.com
Page 173 top and bottom Jurgen Freung/naturepl.com
Pages 174-175 zetter/iStockphoto
Page 175 © blickwinkel/Alamy Stock Photo
Page 176 GerhardSaueracker/iStockphoto
Pages 176-177 © David Wall/Alamy Stock Photo
Page 178 © Marc Anderson/Alamy Stock Photo
Page 179 © Ingo Oeland/Alamy Stock Photo
Page 180 Tui De Roy/naturepl.com
Pages 180-181 Andy Trowbridge/naturepl.com
Page 182 Andy Trowbridge/naturepl.com
Page 183 Jack Dykinga/naturepl.com
Pages 184-185 Helge Schulz/age fotostock
Page 185 Alaska Stock/age fotostock

Pages 186-187 Patrick Endres/age fotostock
Page 187 CORDIER Sylvain/AGF/HEMIS
Page 188 HEEB Christian/AGF/HEMIS
Pages 188-189 Gavin Hellier/naturepl.com
Page 190 top Thomas Kitchin & Vict/age fotostock
Page 190 bottom John E Marriott/age fotostock
Pages 190-191 John E Marriott/age fotostock
Page 192 wwing/iStockphoto
Page 193 top George Sanker/naturepl.com
Page 193 bottom John E Marriott/age fotostock
Pages 194-195 Jack Dykinga/naturepl.com
Pages 196-197 © Inge Johnsson/Alamy Stock Photo
Page 197 © Jim Zuckerman/Alamy Stock Photo
Pages 198-199 Kirkendall-Spring/naturepl.com
Page 199 Kirkendall-Spring/naturepl.com
Page 200 Kirkendall-Spring/naturepl.com
Page 201 Floris van Breugel/naturepl.com
Pages 202-203 Peter Caims/naturepl.com
Page 203 Danny Green/naturepl.com
Pages 204-205 Kirkendall-Spring/naturepl.com
Pages 206-207 Gavin Hellier/naturepl.com
Pages 208-209 Niall Benvie/naturepl.com
Page 209 Gaston Piccinetti/age fotostock
Pages 210-211 blilienfeld/iStockphoto
Pages 212-213 © Ron Niebrugge/Alamy Stock Photo
Page 213 top Adstock/UIG/age fotostock
Page 213 bottom © Joe & Mary Ann McDonald/DanitaDelimont.com
Page 215 Diane McAllister/naturepl.com
Page 216 David Welling/naturepl.com
Page 217 Jouan Rius/naturepl.com
Pages 218-219 David Welling/naturepl.com
Pages 220-221 Floris van Breugel/naturepl.com
Page 221 William Perry/age fotostock
Page 222 Jouan Rius/naturepl.com
Pages 222-223 Jack Dykinga/naturepl.com
Page 224 Visuals Unlimited/naturepl.com
Pages 226-227 Doug Meek/Shutterstock
Page 228 George Sanker/naturepl.com
Pages 228-229 Juan Carlos Munoz/age fotostock
Page 230 Barry Bland/naturepl.com
Page 231 top George Sanker/naturepl.com
Page 231 bottom Reinhard Dirscherl/ age fotostock
Pages 232-233 Patrick Di Fruscia/age fotostock
Pages 234-235 © Kip Evans/Alamy Stock Photo
Page 235 DENIS-HUOT Michel/AGF/HEMIS
Page 236 Philip Lee Harvey/age fotostock
Pages 236-237 alicenerr/iStockphoto
Page 238 © imageBROKER/Alamy Stock Photo
Pages 238-239 JTB Photo/age fotostock
Page 241 Tui De Roy/naturepl.com
Page 242 top Staffan Widstrand/naturepl.com
Page 242 bottom Tui De Roy/naturepl.com
Pages 242-243 Tim Laman/naturepl.com
Pages 244-245 Pete Oxford/naturepl.com
Page 246 David Fleetham/naturepl.com
Pages 246-247 Christian Zappel/ imageBROKER/ age fotostock
Page 248 Morales/age fotostock
Pages 248-249 Staffan Widstrand/naturepl.com
Page 250 CORDIER Sylvain/AGF/HEMIS
Pages 250-251 CORDIER Sylvain/AGF/HEMIS
Pages 252-253 Nick Garbutt/naturepl.com
Pages 254-255 Angelo Gandolfi/naturepl.com
Page 256 Dmitry Pichugin/123RF
Pages 258-259 © blickwinkel/Alamy Stock Photo
Pages 260-261 Tetra images/AGF/HEMIS
Page 261 elnavegante/123RF
Page 262 Oriol Alamany/naturepl.com
Page 264 Dmitry Pichugin/123RF
Page 265 top Jack Dykinga/naturepl.com
Page 265 bottom Oriol Alamany/naturepl.com
Pages 266-267 Oriol Alamany/naturepl.com

图书在版编目（CIP）数据

世间绝美国家公园 / (意) 埃莱娜 · 比安基著；曹莉译 .
-- 北京：中国科学技术出版社，2024. 8.
ISBN 978-7-5236-0839-5
Ⅰ. S759.991-64
中国国家版本馆 CIP 数据核字第 20240Y8Y55 号

著作权登记号：01-2023-3396

WHITE STAR PUBLISHERS

总　策　划	秦德继
策划编辑	单　亭　许　慧
责任编辑	向仁军　陈　璐
装帧设计	中文天地
责任校对	吕传新
责任印制	李晓霖
其他参译人员	张　畅　王　卓　赵祉深

出　　版	中国科学技术出版社
发　　行	中国科学技术出版社有限公司
地　　址	北京市海淀区中关村南大街 16 号
邮　　编	100081
发行电话	010-62173865
传　　真	010-62173081
网　　址	http://www.cspbooks.com.cn

开　　本	880mm × 1230mm　1/16
字　　数	230 千字
印　　张	17
版　　次	2024 年 8 月第 1 版
印　　次	2024 年 8 月第 1 次印刷
印　　刷	北京华联印刷有限公司
书　　号	ISBN 978-7-5236-0839-5 / S · 799
定　　价	198.00 元

（凡购买本社图书，如有缺页、倒页、脱页者，本社销售中心负责调换）